40年后谁养你

富足人生的理财规划指南

易容 著

机械工业出版社
CHINA MACHINE PRESS

本书从专业视角剖析了长寿时代个人的生存法则。针对每个人都可能面临的经济压力、健康危机与情感孤独，提出了财务规划、健康管理、情感经营的"财富三支柱"理念。在财务规划方面，从"定期储蓄+基金定投"到"被动收入体系构建"，提供"人生财富布局计划"，量化目标并动态调整。在健康管理方面，结合"全生命周期健康管理"，提供高端医疗险配置的实操方案，用保险和健康管理工具为个人健康保驾护航。在情感经营方面，从"家庭连接重建"到"社区活动参与"，通过主动经营情感，打破老龄化社会的孤独困局。本书紧跟时代脉搏，介绍了AI理财、全球化资产配置等前沿话题，为读者的养老规划提供了更多可能的参考。本书可作为在职人士、职场中坚和即将退休者在长寿时代的生存指南。

图书在版编目（CIP）数据

40年后谁养你：富足人生的理财规划指南 / 易容著. 北京：机械工业出版社，2025.8. -- ISBN 978-7-111-78953-6

Ⅰ. F830.59-49

中国国家版本馆CIP数据核字第2025SH4136号

机械工业出版社（北京市百万庄大街22号　邮政编码100037）
策划编辑：曹雅君　　　　　责任编辑：曹雅君　章承林
责任校对：梁　园　张昕妍　责任印制：单爱军
保定市中画美凯印刷有限公司印刷
2025年9月第1版第1次印刷
148mm×210mm・7.875印张・1插页・168千字
标准书号：ISBN 978-7-111-78953-6
定价：69.00元

电话服务　　　　　　　　网络服务
客服电话：010-88361066　机　工　官　网：www.cmpbook.com
　　　　　010-88379833　机　工　官　博：weibo.com/cmp1952
　　　　　010-68326294　金　书　网：www.golden-book.com
封底无防伪标均为盗版　　机工教育服务网：www.cmpedu.com

前言

谁能笑到最后

"长寿是一份天赐的礼物,但如果没有准备好,它可能是一场终身的惩罚。"

这是我最想对读者说的一句话。长寿本该是一种奇迹,一次延长生命的庆典,但如果缺乏应对它的智慧,活得久只会变成活得累,甚至活得无望。而我之所以有资格与你聊这个话题,不是因为我完美无缺,而是因为我曾经踩过无数的坑,走过弯路,也经历过从迷茫到清醒的过程。

我的故事很普通,普通到可能和你或你身边的人没有区别。

十年前,我是一个在二、三线城市里靠教美术维生的小白领,年收入20万元。表面看起来还不错,对吧?但当时的我,对"人生规划"这件事根本毫无概念。钱赚得不少,但花得更快。我把消费当成对工作的奖励,今天买一双鞋,明天换个新款手机,周末再去吃顿大餐。我常常跟自己说:"人生在世,不及时享乐怎么对得起自己?"可后来我发现,生活并没有因此变得轻松。

人生最痛苦的不是没有钱，而是你有钱，却不知道它该去哪里。

记得有一天，我无意中看到银行账户，发现存款居然只有不到2万元。我惊呆了：这一年，我明明赚了20万元，钱都去哪了？那一刻我感到一种深深的恐惧：如果明天失业，我甚至连房租和生活费都负担不起。我第一次意识到，自己看似风光的生活其实只是表面上的繁华，实质上脆弱得不堪一击。你有没有试过躺在床上，想着未来的几十年，却看不到任何答案？那种感觉就像掉进了无底洞，既看不到尽头，又找不到出口。

就在我挣扎于迷茫和焦虑时，我开始听到一个声音："长寿是你的祝福，还是诅咒？"

这个问题在我脑海中反复盘旋。而当我开始查阅数据和研究时，我惊讶地发现，我所担忧的问题，正在全球范围内逐渐爆发——全球正在进入一个前所未有的"长寿时代"。根据联合国《世界人口展望2022》的数据，全球百岁老人的数量正在以惊人的速度增长。2020年，全球百岁老人数量为57.9万人，预计到2050年，这一数字将飙升至350万人。而我国已经成为全球百岁老人增长最快的国家之一：2020年，全国登记在册的百岁老人超过10万人，到2050年，这个数字将接近50万人，占全球百岁老人的近1/7。

随着寿命的延长，我们迎来了百岁人生的新时代。然而，长寿的代价却正在悄悄浮现。一个人的百岁人生，不是简单地多活了几十年，而是要面对更加复杂的经济压力、健康问题和情感孤独。养老金替代率不足、医疗费用高涨、家庭结构的弱化，这些现实问题正在蚕食我们对长寿的所有美好想象。

长寿的真相是，它比你想象得更贵、更孤独，也更具挑战，具体表现在哪些方面呢？

（1）经济挑战：养老金无法覆盖长寿人生的开销。以我国为例，养老金替代率仅为40%左右，远低于70%~80%的国际通用标准。假设你的月支出为5000元，养老金只能提供2000元，那么长寿只会让你的资金缺口越来越大。

（2）医疗支出（健康）危机：健康问题是长寿的代价之一。根据《世界卫生统计报告2023》，65岁以上人群中，超过70%的人患有至少一种慢性病，而医疗费用的年均增长率在10%~15%，远远高于通胀率。特别是根据美世（Mercer）在《2025全球健康趋势报告》中的最新数据，预计2025年全球超过一半的市场医疗通胀率将超过10%，而亚洲地区的平均医疗通胀率更是达到13%，几乎是通货膨胀率的五倍。这意味着，在长寿时代中，医疗费用的增长压力不仅真实存在，而且呈现出全球化、高速化的趋势，对个人和家庭的财务安全造成重大挑战。

（3）情感孤独：独居老人越来越多，情感连接的缺失成为许多长寿老人的最大痛苦。

当时的我难以想象，如果继续这样活下去，未来会是什么样子？如果我活到100岁，我的钱包还能撑多久？而我的身体、我的家人、我的生活，又会变成什么样子？

我不知道！

而让我彻底清醒的是这时候的一次医疗开销。

那段时间奶奶恰巧生病住院，突如其来的十几万元费用让我措手不及。当我看到父母的焦虑眼神，我突然明白了一个真相：人生最残酷的现实是，风险从来不会通知你，它只是突然降临。

那一刻，我对我的生活更加感到害怕。我发现，我的所有收入，只是用来填补当下的欲望，而没有为未来搭建任何安全感。我还发现，身边像我这样过日子的人，比比皆是。

于是，我做出了改变。我意识到，长寿时代的生存法则是两件事的结合："进攻"和"防守"。"进攻"是提升你的赚钱能力，打造能够持续为你提供被动收入的资产；"防守"是用工具和策略守护你的财富和健康，让它们不被突如其来的风险掏空。

人生的规则很简单，进攻决定了你能走多远，防守决定了你能活多久。

后来机缘巧合，我踏入了看似普通却充满挑战的保险行业，从内勤理赔做起，慢慢转到保险销售岗位。我清楚地知道，在销售行业里，努力和回报是成正比的，只要我肯拼，就一定会有回报。于是，我将自己逼到极限，每天工作12个小时以上，认真研究产品，努力提升沟通和客户转化能力。

几年下来，我在保险领域渐渐站稳了脚跟，成为行业内的"健康险女王"，收入从20万元变成了50万元、100万元、1000万元，甚至更多。与此同时，我也开始接触投资理财，学习如何用资产为自己赚取更多的被动收入。从最开始的简单存款，到后来的基金投资、保险配置、股权投资，我逐渐学会了如何"让钱为我打工"。

然而，"进攻"只是人生的一半，另一半是"防守"。没有人能预测风险的到来，我很快发现，如果没有防守，即使赚再多的钱，也有可能"一夜回到解放前"。我开始认真研究保险，从重疾险到高端医疗险，再到设立信托，我为自己和家人搭建了一张完整的安全网。这张网，让我即使面对突如其来的健康风险，也不至于崩溃。

真正的安全感，不是避免风险，而是即使风险来临，你依然能稳住。

在做好财务上的进攻与防守的同时，我也开始关注情感的经营。长寿时代最容易被忽视的，是情感的流失。

研究表明，孤独不仅会导致心理问题，还会加速身体的衰老。在百岁人生的漫长旅程中，保持深厚的情感连接，比我们想象得更重要。我努力去改善自己与家人的关系，学会如何去表达爱、给予爱。同时，我也在事业中建立了良好的合作关系，这让我不再孤军奋战，而是拥有了一群能够共同成长的伙伴。

情感不是人生的附加项，而是幸福的核心资产。

今天的我，已经逐渐构建起属于我的"80分人生"——财富、健康和情感的平衡状态。我的目标不是追求100分的完美人生，而是追求一种稳健、可持续的80分的生活状态。80分的人生，意味着有足够的安全感去应对风险，也有足够的弹性去享受幸福。

长寿不是一场幸运的马拉松，而是一场有计划的耐力赛。赢家从起跑前就已经赢了一半。

希望这本书能帮助你未雨绸缪，为你的百岁人生打下坚实的基础。那么，现在的问题是：你准备好了吗？

易 容

2025年6月

目 录

前言　谁能笑到最后

第 1 章　百岁人生，你真的准备好了吗

1.1　长寿为何成了"甜蜜的负担"　...001
1.2　寿命延长的"三重危机"　...006
1.3　百岁，你的钱包还能支撑吗　...018
1.4　提前规划，为"富足人生"保驾护航　...024
1.5　行动指南：重建百岁人生的基本规则　...040

第 2 章　40 年后，我们还剩多少钱

2.1　需要多少钱，才能"老后无忧"　...044
2.2　"不够养老"的养老金　...047
2.3　你的房产，真能养老吗　...052
2.4　医疗费用上涨，怎样做好财务准备　...057

第 3 章　在当下奋斗，为未来"买单"

- 3.1　不确定性才是唯一的确定　…061
- 3.2　投资未来：给自己增添一份稳定　…067
- 3.3　创造被动收入：让你的钱替你打工　…074
- 3.4　财富防守：赚钱重要，保钱更重要　…079
- 3.5　保险金字塔：为舒适养老铺路　…086
- 3.6　创造被动现金流，开启你的"长寿账单"　…092

第 4 章　退休前的人生底气：打造财富安全网

- 4.1　全生命周期健康管理，你的"长寿底气"　…096
- 4.2　退休规划："财务 + 健康"双管齐下　…102
- 4.3　保险选择：为未来增添安全屏障　…107
- 4.4　提前布局，用杠杆放大财富　…119
- 4.5　不传承的财富 = 无用的资产　…128

第 5 章　退休后的财富无忧：学会持续增利

- 5.1　RSQ 评估：你的退休支出计划可持续吗　…137
- 5.2　ETF、REITs 和退休债券：让你的钱活下去　…145
- 5.3　跑赢物价，让财富不被时间偷走　…159
- 5.4　全球化资产配置：让你的钱去更远的地方　…167
- 5.5　行动指南：四步实现老后财富无忧　…175

第 6 章　用红利为未来加仓

- 6.1　政策利好，我们该如何抓住　… 181
- 6.2　AI 理财：科技红利如何帮你赚更多　… 194
- 6.3　技能红利：职业价值永不"退休"　… 203
- 6.4　把握股权：用资本撬动未来　… 209
- 6.5　为个人品牌加仓：从单一技能到长期增值　… 220
- 6.6　工具箱：AI 理财 + 技能提升全套清单　… 224

后记　活出 80 分人生

第 1 章
百岁人生，你真的准备好了吗

1.1 长寿为何成了"甜蜜的负担"

长寿是一个值得庆祝的话题，毕竟谁不想活得更久、活得更健康呢？

但随着人类寿命的延长，我们迎来了一个不容忽视的问题：长寿并不意味着永远的幸福，反而可能成为一种"甜蜜的负担"。

本杰明·富兰克林曾说："在这个世界上，除了死亡和税收，没有什么是确定的。"既然人终有一死，为什么我们还这么执着于长寿呢？

从古代炼丹术士的"不老秘方"到现代的基因工程等技术，人类对"长寿"的渴望从未停止。今天，虽然我们还无法"停止衰老"，但"长寿"已随着科技的发展逐渐成为可能。

从寿命中透视人口年龄结构

人究竟要活多久，才能算得上长寿呢？科学界对于长寿并没有一个统一的标准。一般来说，如果一个人的寿命能够超过当地的人均寿命，那他就可以被认为是长寿的。那么，我们国家的人均寿命是多少呢？据国家卫生健康委员会发布的信息，2024年我国居民人均预期寿命已经达到了79岁。预计到2035年，这个数字将会增长到81.3岁。所以，一个人如果能活到80岁，甚至更久，那无疑就是长寿了。

寿命的延长意味着人口年龄结构的变化，根据世界各国（地区）人口年龄结构的演化轨迹、中国人口年龄结构演化的未来趋势和长期均衡位置预测，人口年龄结构变化是伴随着人口增长转变而发生的必然过程，因而可以称为"年龄结构转变"（Age Structure Transition，AST）。

新中国成立后，在鼓励生育的背景下，近20年的时间里都维持了较高的生育水平。20世纪五六十年代，中国先后迎来了两波年均出生2000万人以上的婴儿潮，不少家庭都有五六个孩子。1981—1997年，前两波婴儿潮人口进入育儿龄，带来了第三次人口出生高峰。

根据联合国的预测，2050年中国的人口年龄结构分布将趋于柱状。但是据第七次全国人口普查结果显示，2020年中国的育龄妇女总和生育率已经降至1.3，这一数值已低于国际上常说的低生育率陷阱的警戒线，长此以往，中国的人口年龄结构很可能更接近日本。根据联合国人口司⊖提供的2024年世界人口前景数据，不同时期中国人口年龄结构与日本人口年龄结构的比较如图1-1、图1-2所示。

⊖ 联合国人口司，联合国秘书处的一个部门，专门负责人口问题的研究、数据收集和分析。

第 1 章 百岁人生，你真的准备好了吗

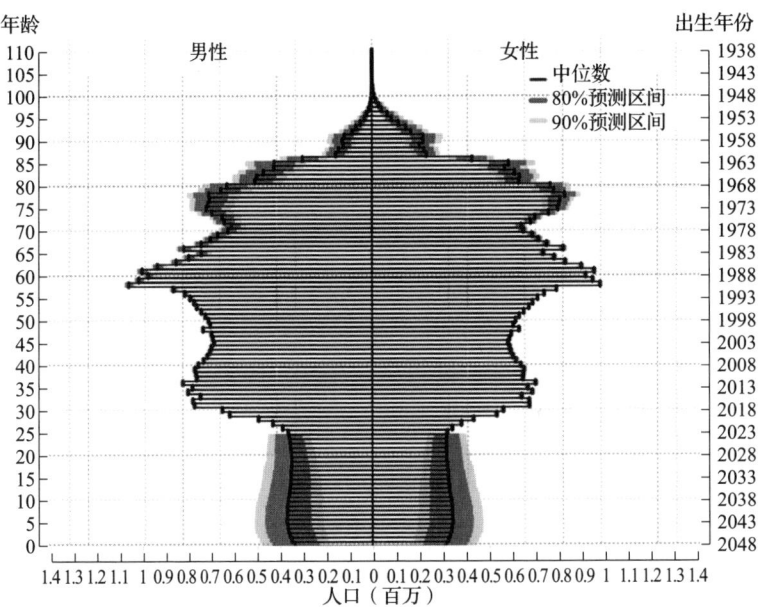

图 1-1　1943 年至 2038 年中国人口年龄结构

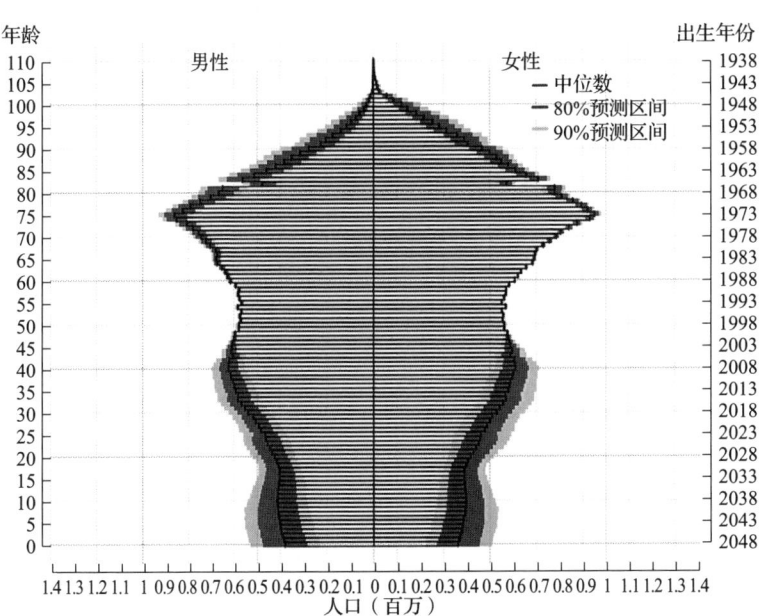

图 1-2　1938 年至 2048 年日本人口年龄结构

中国的老龄化程度在全球属于中上水平，少子化和长寿趋势使得老龄化持续加深。

百岁人生的"风口浪尖"

在20世纪，人们把人生分为三个阶段：首先是教育期，其次是就业期，最后是退休期，这就是"传统三段式人生"。

传统三段式人生模式在人均寿命相对较短的时代背景下，显得既合理又高效。然而，当大家都能活到100岁的时候，传统三段式人生就不可避免地要重组了。想象一下，如果预期寿命延长，但退休年龄不变，会出现什么情况？有一个问题是很可能发生的：我们根本无力保障自己晚年的生存质量。

我们正处在一个特别的过渡期，很多人都还没准备好如何应对，因此，我们必须重新审视"长寿"背后隐藏的挑战。

首先，我们应该理性认识到寿命延长所携带的资产耗竭的风险，通俗一点来说就是"人活着，没钱花"。这涉及最根本的一个问题，就是我们看不到的"财富危机"。

例如，2014年NHK（日本广播协会）的调查数据显示，日本孤身生活的老龄人口已经逼近600万人，且约有一半人的年收入低于生活保护标准。[一] 其中，接受生活保护的有70万人，剩下

[一] 数据来源：https://www.huxiu.com/article/373652.html。文中称，生活保护标准是日本为保障国民享有最低限度的健康且有文化的生活，对必要者实施保护性援助的制度。

的，除了有储蓄、存款等足够积蓄的老人，粗略估计，约有200余万独居老人没有接受生活保护，只靠养老金生活，日子过得十分拮据。

其次，还需要考虑如何解决寿命延长带来的健康风险。这些人一旦生病或老到需要人照顾，就会陷入"老后破产"的境地。这像是危言耸听，却是多数人不得不面对的现状。

据中国疾病预防控制中心的研究者发表的调查数据显示，我国60岁及以上老年人群中，75.8%的人被1种及以上慢性病困扰。在被调查的60岁及以上居民中，58.3%患有高血压，19.4%患有糖尿病，37.2%患有高血脂。

而根据世界卫生组织（WHO）2020年全球慢性病调查报告，中国因慢性病死亡的比例达到了89%，也就是说，10个人里面，就有9个人可能因罹患慢性病死亡。

这样看来，长寿给我们带来的似乎并不全然是生命延长的欣喜，因寿命延长带来的新问题，包括财富危机及健康危机。在我们还无法拿出应对措施之前，似乎更像是我们将要面临的"未来生存挑战"。

因此，现在开始就喊出"拥抱变化，享受百岁人生"这样的口号，似乎还为时尚早。未来的长寿，将是一个漫长人生，我们需要应对的问题并不简单，不如在这个"风口浪尖"上再仔细想想：如何适应长寿？如何智慧地为百年人生做好规划，学会在"甜蜜的负担"中从容前行？

1.2 寿命延长的"三重危机"

从1.1节的各种数据中,我们都能看出"活得久,其实是对财富、健康和情感的极限考验"。

那么,如果知道自己会活到100岁,那我们的钱够花吗?我们的身体还能撑多久?我们准备好独自面对漫长的孤独了吗?

长寿,听上去是一份值得羡慕的祝福。但当你真正去思考长寿将要面临的问题时,就会发现这不仅仅是一个简单的数字增长,还是一场复杂而漫长的生存挑战。活得久的未来挑战从未如此真实,它渗透在生活的方方面面:从银行账户到医院病床,再到孤单的深夜。

钱不够的财务危机:长寿是一场经济耐力赛

在这个日新月异的时代,每个人都在为生活奔波,期待着退休后的安宁与闲适。张阿姨,一个勤勤恳恳工作了一辈子的国企员工,也曾对退休生活充满了美好的憧憬。她以为,有了稳定的养老金和一定的储蓄,晚年生活应该无忧无虑。然而,现实却给她上了一堂生动的"财务课"。

张阿姨一生勤勤恳恳,在一家国企工作了40年,退休后每月能领到5000元的养老金。她住在市区的一套老房子里,房产价值600万元;平时喜欢去公园散步,和朋友喝茶聊天;生活简单,开销也不大。起初,她这样的生活看起来不错。

但三年后，她开始感到不安。她发现，随着物价逐年上涨，5000元的养老金渐渐不够用了。菜市场的蔬菜价格翻了一番，看病买药的费用也越来越高，就连日常的物业费和房屋维修费都在增加。她原本以为储蓄的30万元可以为她提供保障，但短短几年，这笔钱就被各种突发事件掏走了一半。

张阿姨的经历只是时代中的一个缩影。张阿姨的困境不仅仅是她一个人的困境，更是千千万万即将步入晚年的人们共同面临的挑战。

长寿，这本应是一件值得庆幸的事情，却为何成了一场经济耐力赛？原因就在于，我们的财务规划并没有跟上时代的步伐，没有为长寿做好充分的准备。当生活的担子一天天加重，当养老金不足以支撑起我们的晚年生活时，我们才开始意识到，原来长寿也是一场需要精心策划的"战役"。

因为长寿时代最致命的真相是，我们的钱跑不过时间。

长寿所带来的第一重危机，就是财务危机。我们的退休金是否能支撑起一个长达几十年的退休生活？如果答案是不，那么，百岁人生将成倍地增加你的生活负担。此时，对我们来说，活得久不难，问题是我们有没有活得久的资本。

面对日益紧迫的养老困局，张阿姨在经历了一次次的财务紧缩后，终于痛定思痛，决定提前规划，为自己的晚年生活筑起一道坚实的防线。她开始深入研究各种养老金融产品，从养老保险到长期护理险，从定期存款到稳健型理财产品，每一步都走得小心翼翼，力求在保障资金安全的同时，实现收益的最大化。

张阿姨还意识到，单靠金融手段远远不够，她需要优化自己的生活方式，减少不必要的开支。于是，她搬离了市区那套价值不菲但维护成本高昂的老房子，选择了一个环境优美、生活成本相对较低的郊区社区居住。那里空气清新，邻里和睦，更重要的是，房价和日常消费都远低于市区，大大减轻了她的经济负担。

与此同时，张阿姨还积极参加社区的各种老年活动，不仅丰富了自己的精神世界，还结识了一群志同道合的朋友。他们一起学习书法、园艺，甚至开起了小型的社区互助站，为彼此提供生活上的帮助和情感上的慰藉。这样的生活，虽然简单，却充满了乐趣和意义。

随着时间的推移，张阿姨发现，通过提前规划和合理管理，她的养老金不仅足以维持日常生活，还能有余力应对一些突发状况。更重要的是，她的心态也发生了转变，从最初的焦虑不安，到现在的从容不迫，她学会了享受每一个当下，珍惜与家人、朋友相处的每一刻。

我们通过上面的案例可以看到，面对这样的困境，她开始重新审视自己的生活，思考如何才能在有限的资源下，过上更加安稳、有尊严的晚年生活。她的选择，或许能给我们一些启示：提前规划，合理管理资金，优化生活方式，这些都是我们应对长寿时代挑战的重要策略。

面对长寿时代的财务危机，张阿姨的故事为我们提供了一个生动的范例。她没有在困境面前退缩，而是选择勇敢地面对，通过提前规划和合理管理资金，以及优化生活方式，成功地为自己的晚年生活筑起了一道坚实的防线。张阿姨的经历告诉我们，长寿虽是一场经济耐力赛，但只要我们做好准备，就能够在这场"战役"中取得胜利。

身体垮的健康危机：慢性病正在吞噬你的自由

65岁的王叔叔曾是一名中学教师，身体一直很好。他的退休生活本该闲庭信步，但生活却在一次体检后发生了巨大的变化。那次体检显示，他患有高血压和糖尿病，医生告诉他需要长期服药，并且要定期复查。每月的药费高达1000元，年度复查和意外住院的花费则更高。几年下来，他的储蓄逐渐被这些医疗支出掏空。

长寿的代价不是死亡，而是活着却病着。

我国正处于由快速老龄化向深度老龄化迈进的阶段，老年人是慢性病患病率和发病率最高的人群。我国约有1.9亿老年人患有慢性病，其中，75%的60岁及以上老年人至少患有1种慢性病，43%多病共存（同时患有2种及以上疾病）。高血压、糖尿病、骨关节病，这些看似"不致命"的病症，正在无情地蚕食老年人的生活质量。更严重的是，这些慢性病往往会引发更多的并发症，比如糖尿病引起的视力下降、高血压导致的心脑血管疾病等，逐渐让老年人失去自主生活能力。

雪上加霜的是，当一个人的健康出现问题后，因健康危机而引起的财务危机便成了最后一根压倒骆驼的稻草。长寿所带来的第二重危机,就是健康危机。此时,医疗费用的高昂是被许多人忽略的陷阱。国家统计局数据显示,中国的医疗支出年均增长率为10%~15%,远远高于普通消费品的通胀率。这意味着,未来看病会变得越来越贵,而这一趋势将对我们造成沉重的经济负担。

在长寿时代,我们会长期与一种甚至多种慢性病共存,其中,心脑血管疾病、癌症、阿尔茨海默病、糖尿病是目前最为困扰我们,也是最需要我们预防的四种慢性病。

首先是心脑血管疾病。心脑血管疾病是心脏血管和脑血管疾病的统称,泛指由于高脂血症、血液黏稠、动脉粥样硬化、高血压等所导致的心脏、大脑及全身组织发生的缺血性或出血性疾病。我们体检时,经常可以看到化验单上写着"总胆固醇""甘油三酯"等字样。它们如果过高,就意味着血液中脂质含量可能过高,容易在血管壁上沉积,形成斑块,导致血管狭窄或堵塞,从而增加心脑血管疾病的风险。

如今,心脑血管疾病可谓威胁人类生命的第一大杀手。吸烟、不合理膳食、超重和肥胖、空气污染或遗传因素都有可能导致心脑血管疾病。根据《中国心血管健康与疾病报告2023》显示,中国心血管病的发病率仍在持续上升。据推算,心血管病现患病人数达3.3亿。2021年农村、城市心血管病分别占死因的48.98%和47.35%,每5例死亡中就有2例死于心血管病。

其次是癌症。很多人对癌症的认知停留在"绝症"上,其实癌症也是一种慢性病。大部分的癌症是人体细胞在外界因素长期作用下，基因损伤和改变长期积累的结果，是一个多因素、多阶段、复杂渐进的过程，往往需要十几年到几十年的时间形成。

并且，患癌的风险会随着年龄的增加越来越高。医学技术的进步让长寿人群规模性增长，但也使老年人口中癌症的发病率上升，癌症仍是中国的重大公共卫生问题。如图1-3所示，2022年，中国癌症发病人数高达482.47万人，其中肺癌位居首位。

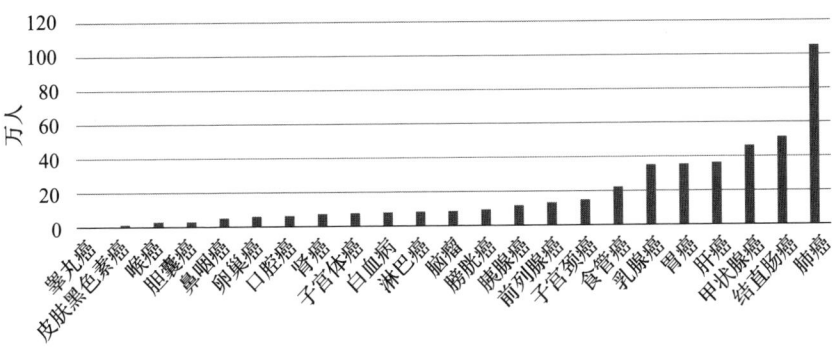

图1-3 中国癌症发病人数

再次是阿尔茨海默病（Alzheimer's Disease，AD）。这种病是一种中枢神经系统的退行性病变，主要发生在老年或老年前期，主要特征包括进行性的认知功能障碍和行为损害。阿尔茨海默病是老年期最常见的一种痴呆类型，并且随着年龄的增长，患病的风险也在增加。

《中国阿尔茨海默病报告2024》显示，中国AD及其他痴呆患病率、死亡率略高于全球平均水平。随着年龄不断上升，女性患病率和死亡率高于男性：女性患病率约为男性的1.8倍；女性死亡率是男性的2倍多。

最后是糖尿病。糖尿病是多病因引起的以慢性高血糖为特征的代谢性疾病，最主要的原因是胰岛素分泌不足和（或）作用缺陷。相对上文提到的三种慢性病，糖尿病的发病年龄呈现年轻化趋势。

糖尿病是全球性的健康问题。《IDF全球糖尿病地图（第10版）》显示：2021年患病人数达5.366亿人，2045年预计患病人数高达7.832亿人。糖尿病意味着巨大的经济负担，2021年糖尿病相关费用达到9660亿美元；2045年相关费用预测达到10540亿美元。全球糖尿病情况见表1-1。

表1-1　全球糖尿病情况概览

概览	2021年	2030年	2045年
全球人数	79亿人	86亿人	95亿人
全球成年人（20~79岁）	51亿人	57亿人	64亿人
糖尿病（20~79岁）			
发病率	10.50%	11.30%	12.20%
糖尿病人数	5.366亿人	6.427亿人	7.832亿人
死于糖尿病的人数	670万人	—	—
全球糖尿病健康支出	9660亿美元	10280亿美元	10540亿美元

我国是糖尿病重灾区，见表1-2。2024年7月15日，国家卫生健康委等多个部门发布《健康中国行动——糖尿病防治行动实施方案（2024—2030年）》，这是继心脑血管疾病、癌症之后，我国再次发布重大慢性病防治行动实施方案。

表 1-2　2021 年 20~79 岁糖尿病人数 TOP10

排名	国家/地区	糖尿病人数/百万
1	中国	140.9
2	印度	74.2
3	巴基斯坦	33
4	美国	32.2
5	印度尼西亚	19.5
6	巴西	15.7
7	墨西哥	14.1
8	孟加拉国	13.1
9	日本	11.0
10	埃及	10.9

以上这四类重大慢性病已成为制约人均预期寿命提高的重要因素。数据显示，四大慢性病导致的死亡人数占比超过80%，疾病负担占比也极高。其中，我国65岁及以上老年人糖尿病患者人数已超过3000万。以慢阻肺、哮喘等为代表的慢性呼吸系统疾病，患者约有1亿人。

不过，除了直接导致的"生命损失"外，慢性病对人类威胁最大的一个问题是——慢性病的发病率与年龄增长呈正相关，是影响人们晚年生活质量的重要因素。

慢性病，如心血管疾病、糖尿病、关节炎等，它们不像急性病那样来势汹汹，却以持续、缓慢的方式侵蚀着人们的健康。这些疾病往往起病隐匿，病程长且病情迁延不愈，不仅给患者带来身体上的痛苦，还对其心理、社交乃至经济状况产生深远影响。随着寿命的延长，人体机能逐渐衰退，慢性病的发生率也随之上升,成为长寿路上的"绊脚石"。

我的邻居张大爷就是一个比较典型的例子。

张大爷曾是社区里公认的"健康达人",每天清晨都能看到他在公园里晨练的身影。然而,随着岁月的流逝,张大爷的身体逐渐出现了变化。高血压、糖尿病、关节炎……这些慢性病接踵而至,使他的生活质量大打折扣。尽管现代医学为他提供了药物控制病情的可能,但疾病的阴影始终笼罩在他的心头,让他不得不时刻警惕,小心翼翼地维持着自己的健康状况。

可以说,慢性病对长寿的威胁,远远超出了我们现有的认知。更为严峻的是,随着人口老龄化的加剧,慢性病的防治已成为社会面临的重大挑战。医疗资源紧张、养老服务体系不完善等问题,使得慢性病患者的治疗和护理面临诸多困难。因此,如何在延长寿命的同时,有效预防和控制慢性病的发生和发展,成为亟待解决的社会问题。

而对我们普通人来说,应对这种需要"打持久战"的健康问题,除了需要源源不断的财富支撑,还需要医疗资源、康复照护等后续配套支持。这也就意味着,一旦某一种慢性病对我们进行"侵袭",我们就有可能面临一系列的生活调整,但这些调整也可以视为采纳新生活方式和健康管理模式的契机。面对慢性病,积极的态度、科学的管理以及合理的规划或许能够帮助我们极大地改善生活质量,甚至让我们在与疾病的共处中找到新的生活平衡。

首先,意识到健康管理的重要性。我们可以开始学习更多关于自身疾病的知识，了解如何通过饮食调整、适量运动、规律作息来辅助药物治疗，有效控制病情发展。这种自我管理的过程，不仅能增强我们对健康的掌控感，还能培养我们更加积极的生活态度。

其次，我们需要更加重视日常的健康监测和定期体检。这有助于早期发现并发症的迹象，及时采取措施，避免病情恶化。在这个过程中，我们可能会发现，通过一些简单的改变，比如调整饮食结构、增加日常活动量，就能显著改善身体状况，提升生活质量。而随着科技的发展，远程医疗、智能穿戴设备等新兴技术为慢性病管理提供了更多便利，使得监测病情、咨询医生变得更加高效便捷，进而充分减轻我们频繁往返医院的负担，让我们有更多的时间和精力去享受生活。

总之，长寿时代，我们若能充分动用身边的一切资源，顺势而为，照护自身，也未尝不可能让自己在长寿时代活得更好、更自由。

孤独感的深刻侵袭：情感流失是最致命的杀手

长寿所带来的第三重危机，是情感的流失。在百岁人生的漫长路途中，最痛苦的不是你活了多久，而是你发现身边的人一个接一个地离开了你。

截至2023年底，我国60岁及以上老年人达到2.97亿，占总人口的比重为21.1%。据测算，我国独立居住的60岁及以上老年人占全国老年人比例为54%。家庭小型化、子女不在身边、朋友逐渐离世,导致许多老年人陷入情感孤岛。孤独不仅会影响心理健康,还会对身体健康产生负面影响。哈佛大学的研究表明,长期孤独感会使老年人罹患阿尔茨海默病的风险增加50%,抑郁症的发病率更是普通老人的两倍。

老年孤独不仅是一种状态,更是一种慢性病,它慢慢吞噬着老年人对生活的渴望。

在我的身边,就有这样一则鲜明的对比。我的邻居李奶奶与王奶奶就是典型的案例。

李奶奶身患慢性病,两个孩子一个移民国外,一个在国内另一个城市工作,平时很少回家。她每天的生活就是在空荡荡的房子里度过的,盯着窗外发呆或翻看手机上的老照片。尽管她的物质条件并不差,但情感的缺失让她觉得生活没有意义,甚至萌生了放弃治疗的念头。

而楼上王奶奶家的情况则截然不同,她的家庭氛围温馨而热闹。王奶奶有三个孩子,虽然他们也都各自成家立业,但无论是节假日还是平时,总能抽时间回来看看,陪王奶奶聊聊天,一起吃顿饭。王奶奶的老伴也健在,两人经常手挽手一起去菜市场买菜,晚上一起散步,享受着夕阳红的温馨时光。

王奶奶不仅家庭和睦,朋友也多。她是社区里的活跃分子,经常参加各种老年活动,比如太极拳班、合唱团、手工小组等。在这些活动中,王奶奶结识了许多志同道合的朋友,他们一起分享生活的点滴,互相鼓励,共同面对生活中的小困难。

每当王奶奶身体有些小毛病时,家人和朋友们总是第一时间给予关心和照顾。孩子们会轮流陪她去看医生,朋友们也会经常打电话来询问她的身体状况,给她送来一些自家做的营养品。这种情感的关怀和支持,让王奶奶感受到了生活的温暖和意义。

王奶奶的心态也非常乐观,她总是说:"我虽然年纪大了,但我有爱我的家人,有贴心的朋友,有喜欢的事情做,我觉得生活充满了乐趣。"她积极面对生活中的每一个挑战,用乐观的心态去感染身边的人。

对比李奶奶和王奶奶的生活状态,我们不难发现,情感支持网络的建立对于长寿人生来说至关重要。没有情感支持,就会像李奶奶那样,生活在空旷而寂寞的房子里,感到孤独无助,对生命的意义产生怀疑,甚至健康也受到影响。孤独感如同一种无形的毒药,慢慢侵蚀着她的身心,使她在长寿的道路上步履维艰。

而有情感支持,就会像王奶奶那样,家庭和睦,朋友众多,社区活动丰富。这种情感的支持让她在面对生活的挑战时更有勇气,更有力量。她知道,无论何时何地,都有人关心她、支持她。这种情感的力量成了她长寿路上的坚实后盾。

因此,值得我们警醒的就是,无论是家人、朋友还是社区关系,都需要我们主动去经营和维护。长寿是一场马拉松,没有充分准备的人可能会在半路倒下。钱不够、身体垮、孤独感侵袭,这些问题并不可怕,可怕的是我们对这些问题视而不见和无所作为。

因此,我们需要重新审视并建立长寿人生的规则。从财富、健康和情感三方面入手,为未来做好充分准备。这不仅仅是为了应对可能出现的挑战，更是为了让我们在长寿的过程中，能够享受生活的美好和幸福。正如我自己从无规划到重建人生所经历的一切，我深刻体会到了提前准备和积极应对的重要性。我希望这本书能帮助你未雨绸缪，找到属于自己的长寿生存法则，让你在长寿的旅途中，既拥有健康的身体，又拥有丰盈的情感世界，真正享受生活的每一刻。

1.3　百岁，你的钱包还能支撑吗

在长寿时代，我们会面临许多不可预知的挑战，但其中最基础，也是最致命的危机就是"钱"。

长寿不仅仅是多活几十年，还要多承担几十年的生活成本。如果没有规划好财富的积累与使用，我们会发现，不用等到百岁，等到七八十岁时，就已经被"没钱"这件事拖垮了人生。而我的客户刘先生仅用了两年，就发现了这一残酷的现实。

65岁的刘先生退休前是一名公务员，生活稳定，年收入12万元，退休后每月能领取6000元的养老金。这让他一度认为自己能够轻松度过老年生活。然而，仅仅两年后，他就发现，现实远比他想象得残酷。先是儿子结婚，他拿出了30万元帮助买房，接着自己因膝关节手术花掉了近5万元。这些支出直接掏空了他的积蓄，而他原以为可以安享晚年的每月6000元养老金，渐渐无法跟上生活成本的上涨。

钱的真正价值，不是今天能买什么，而是它未来还够用多久！

很多人说"我不怕"，也会像刘先生一开始一样自信地说"我退休了有养老金养老"。

但根据中国社会科学院的研究，2022年中国养老金替代率平均为45%，而国际公认的安全线是70%~80%。这意味着，大多数中国退休老人，退休后的收入只有他们在职期间的一半甚至更少。对于一名每月生活支出为5000元的老人来说，这种收入水平甚至无法覆盖基本开销。

更不能忽视的是物价上涨带来的影响。以3%的年均物价上涨率来计算，今天5000元的开销，在10年后可能需要约6700元，而到了30年后，则可能需要约12000元。照这样计算下去，刘先生原本觉得"足够"的储蓄，在时间的推移下，其购买力只会逐渐下降，到了他年老时，就可能会面临巨大的经济压力了。

在此，我不得不提到一个词：老后返贫。什么是"老后返贫"？"老后返贫"是一个社会现象，指的是老年人在退休后由于收入不足以满足基本生活需求以及应对意外支出（如医疗费用、护理费用等），导致财务状况恶化，甚至陷入贫困的状态。这种现象并非指老年人完全没有财产或存款，而是退休前可能拥有的资产（如房产、存款）不足以支撑退休后的生活，或者难以应对持续的生活成本和健康医疗费用。

"老后返贫"现象的六大诱因

"人生最痛苦的事情，是人还活着，钱没了。"这句话出自小品，直接而有力地指出了人们对"老后返贫"的担忧。为何这一现象如此普遍？我们可以从六大维度来剖析。"老后返贫"现象的六大诱因如图1-4所示。

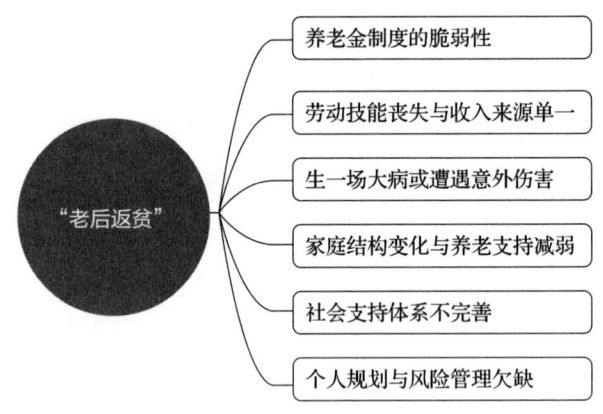

图1-4 "老后返贫"现象的六大诱因

"老后返贫"的第一大诱因，社会养老保险制度的脆弱性。养老保险是老年人经济保障的主要来源，其制度的完善程度直接影响到老年人的生活质量。按照社保的养老金运行模式，年轻人缴纳养老金，支持同时期的老年人群。而当这批年轻人老去的时候，会有新的一批年轻人缴纳养老金支持他们。代代相继，形成现代社会典型的养老金制度。

但是当年轻人缴纳养老金的速度赶不上老龄人口数量的增长速度时，年轻一代所创造的资源就不足以支撑老年一代，养老金替代率（即养老金占退休前工资的比例）就会持续下降，养老金对于退休生活的保障作用就会大打折扣。

除此之外，养老金的覆盖面相对有限，许多非正规就业者或自由职业者难以纳入保障体系。随着人口老龄化加剧，养老金支付压力增大，政府往往需要通过提高缴费率或降低支付标准来平衡财政，这无疑进一步削弱了养老金的保障作用。

"老后返贫"的第二大诱因，劳动技能丧失与收入来源单一。未来几十年，随着一些传统职业的消失和新型职业的出现，劳动力市场将出现大幅变动。同时，一些简单重复性的工作也被机器人和人工智能所取代，这种变动将持续下去。

除随着年龄的增长、身体机能的下降使得许多老年人无法继续从事原有的工作之外，在人类寿命较短、劳动力市场相对稳定的时代，一个人的职业生涯只需要用到他在20多岁已经掌握的知识和技能，而不需要任何重大的再投入。但如果这个人在一个快速变化的就业市场工作到七八十岁，那么，要维持生产力就不再是靠重温生疏了的知识，这导致许多人在退休之后失去了稳定的收入来源，想再就业难上加难。

失去了工作收入后，养老金便成了他们唯一的收入来源。一旦养老金不足以覆盖生活费用，他们就可能陷入经济困境。

"老后返贫"的第三大诱因，生一场大病或遭遇意外伤害。对于我们每个人而言，长寿不代表健康，衰老和死亡仍然不可避免。随着年龄的增长，生理功能和身心能力逐渐下降，患病的风险也会日益增长，如与年龄相关的视力及听力障碍、脑卒中、骨关节炎、糖尿病、慢性阻塞性肺部疾病和阿尔茨海默病等。一旦患病，若自身积蓄不足够，也缺少家人、朋友的照料，医疗费、护理费等就会成为沉重的负担。

"老后返贫"的第四大诱因，家庭结构变化与养老支持减弱。传统上，家庭是老年人养老的主要依靠。然而，随着家庭结构的变化和社会流动的加速，即使在三孩政策的影响下，许多家庭依然还是"4-2-1"的结构（即四个老人、两个中年人和一个孩子），这使得中年人在照顾老人和抚养孩子中承受了巨大的压力。一旦老年人出现健康问题或需要长期护理，家庭往往难以独自承担这一重任。

"老后返贫"的第五大诱因，社会支持体系不完善。除了家庭养老，社会支持体系也是老年人养老的重要保障。然而，许多地区的社会支持体系尚不完善，无法满足老年人多样化的养老需求。例如，公立养老机构数量有限且申请门槛高，许多老年人难以入住；而私立养老机构虽然数量较多但费用高昂，普通老年人难以承担。此外，社区养老、居家养老等新型养老模式虽然受到推崇但仍在发展中。

"老后返贫"的第六大诱因，个人规划与风险管理欠缺。如今，许多人对晚年生活的想象，是靠"养老金+工作收入+储蓄"来支撑的。但这一愿景会遇到很多干扰项。

例如，存够30万元或者存够100万元就辞职退休，仿佛是很多普通人的养老计划。现实是，养老不单是存钱这么简单。许多人在年轻时缺乏长远的养老规划意识，或者因种种原因未能有效积累财富和制定风险管理策略，当发生计划外支出的情况时，便显得手足无措、难以应对。

计划外的支出包括物价上涨以及子女的房贷车贷、失业后的寄居等，这些支出往往是不可预见的。许多年轻时资产正常的人，年老时的基本生活都难以维系，更别说能过上高质量的长寿生活了。

"老后返贫"其实在日本这种老龄化严重的国家已经不是新鲜话题了,作为普通人,如何让自己更稳定地应对未来的发展变化,这将是一个值得我们每个人认真思考的问题。

财富是年老生存的基础

长寿越来越不再是奢望,而是现实中的新常态。我们时常谈论如何活得更久,但鲜有人关注如何优雅、有尊严地活到百岁。活得久,不等于活得好。财富,是决定你能否在年老时享有尊严的关键。

随着年龄的增长,我们的身体机能日渐衰退,劳动能力逐渐减弱。曾经的财富积累也许已经无法支撑一个安心的晚年,大多数退休老人都面临着这样一个现实:收入来源匮乏,积蓄和养老金成了唯一的依靠。没有足够的财富保障,老年生活就可能变得支离破碎,甚至面临生活的严峻考验。

"90%的问题都能用钱解决"——这句话虽然看似夸张,但却透露出一个深刻的现实。财富是选择的基础,它为我们提供了自由,也给了我们面对老年生活挑战的底气。没有足够的财富,我们甚至连基本的生活选择都没有。试想一下,当你年老时,想要享受高质量的医疗护理、追求精神上的满足——如果没有足够的财富支撑,这一切都成了奢望。

而财富的另一重作用,是为我们提供应对突发经济波动的缓冲。就像前文所述,老年人的生活脆弱,经不起任何风吹草动。失业、物价上涨等社会经济的变动,往往让我们固定的养老金无法支撑,然而,如果我们提前规划财富、配置多元化资产储备,就能够在风暴中稳步前行。财富不仅仅是一种保障,它是防御经济波动的武器。尤其是在年老时,拥有一笔稳固的财富储备,可以让我们安享晚年,无须再为经济问题焦虑。

不仅如此,财富还为家庭结构变化中的老人提供了支撑。在现代社会,家庭越来越小,子女的责任重大。父母年老时,子女通常要兼顾忙事业、照顾老人和养育孩子,往往难以应付。在这种情况下,如果老人有一定的财富,不仅能够减轻子女的负担,还能够在物质上保障自己的独立性,享有更多的选择。

财富不仅是年老生存的基础,也是我们面对未来各种挑战的坚强后盾。在年轻时,我们就应该有远见,规划好自己的养老储备,积极积累财富。别等到百岁时才发现,自己一无所有;而是要在日复一日的努力中,打好每一个财富基础,让晚年的生活更加安心、舒适与尊严。

1.4 提前规划,为"富足人生"保驾护航

当我们面临长寿时代的到来时,必须正视一个严峻的事实:如果我们不能确保这多出来的生命年华拥有足够的质量,那么,长寿便变成了负担。长寿本应是人生的奖励,但若健康与财富的保障无法同步跟上,那些附加的年岁反倒成了拖累。我们要思考的,远非"如何活得久",更是"如何活得好,活得值"。

想要在长寿人生中活得富足、充实,唯一的出路就是"提前规划",从财务、健康、情感三大核心维度出发,为自己的人生打下坚实的基础。

"提前布局",才是对抗未知风险的唯一解

随着寿命的延长,社会和个人的需求正在发生剧变。长寿不仅将改变我们对于"年老"这个词的定义,还将引发一场健康与财富的双重革命。

未来的我们可能将花费更多的时间来享受养老和健康管理服务,但与之相对的,是这些需求背后产生的高额消费。

健康管理虽是"生命之基",但往往与巨额花费挂钩。随着医疗成本的攀升与疾病的多发,健康管理变得越来越重要。然而,没有充足的财富储备,健康管理根本无从谈起。因此,财富管理成了"长寿时代"的必修课——我们积累财富的时间变长了,但养老所需的养老金压力却越来越大。因此,早早规划财富、设定储备、构建"攻守"战略,才能确保在财富的基础上,迎接一个没有后顾之忧的晚年。

但财富管理需要财产做后盾。只有拥有充足的财力支持,才可能在健康管理、养老服务等方面获得充足保障,进而享受真正的高质量晚年生活。回到核心问题——我们需要从更高层次上考虑,财富是支撑一切的"底气"。

养老服务是当下社会的重要缺口。虽然居家养老和社区养老被许多人视为理想选择,但家庭照护能力有限,且目前养老服务

体系的供给严重不足。机构养老存在发展滞后、设施陈旧、服务质量参差不齐等问题，亟待改善。然而，这也为智慧养老和创新养老服务提供了巨大的市场空间。

此时，问题不止存在于机构，更多的是个体如何通过创新和投资来填补这一缺口。随着社会老龄化的加剧，养老产业将迎来前所未有的黄金时代。如果我们能在这个市场里发现机会，不仅能为自己的晚年创造价值，正能在这个趋势中获得"财富红利"。

但这一切都需要提前布局，等到老年才进行各种布局和管理，可能为时已晚。

财富布局：从"被动应对"到"主动出击"

对于普通人而言，如何面对养老金缺口、不断上涨的医疗费用以及通胀带来的生活压力呢？关键在于"早规划、稳积累、科学投资"。国家统计局数据显示，国内人均预期寿命已达到79岁，而退休年龄通常在60岁左右，这意味着，假如你将退休，那么你还要至少准备20年的生活储备金。若你现在是30岁，理应从今天开始就为30年后的退休生活做准备。是的，财富积累和规划应当从婴儿期起步。

从年轻开始选择定期储蓄、基金定投等方式是最基本、最稳妥的财富积累手段。投资的早晚，决定了复利效应的多少——让时间成为你财富增长的盟友。而在财富积累的过程中，"多元化投资"至关重要。股市、债券、房地产、黄金，甚至新兴的数字货币市场，各有利弊，唯有构建一个分散化的投资组合，才可规避风险。像"100减年龄法则"那样（见下文的"人生财富布局计划"),把年龄的比例分配到不同类型的资产上,可以帮助你在人生的不同生命周期中平衡风险和收益。

现代科技赋予了我们更多可能,财富管理不再局限于"传统投资"。互联网金融产品,如货币基金等,适合短期资金管理,灵活便捷。而关注区块链、人工智能等新兴技术领域,虽然风险较高,但一旦选对项目,其回报的回旋余地也不少。长寿时代,如果你在这些领域有所布局,便能积累稳定的财富。

具体如何做呢?以下是我为某位客户做过的一套"人生财富布局计划"㊀。

人生财富布局计划

一、基础框架:定期储蓄与定投策略

1. 定期储蓄的量化执行

(1)收入分配比例:每月将收入的20%~30%强制储蓄,其中10%~20%用于长期储蓄与保障,10%用于基金定投,剩余部分(约5%)存入高流动性账户(如货币基金)。

(2)工具选择:

- 长期储蓄与风险保障账户:如保险万能账户、增额终身寿险、年金险,通常年化利率为1.5%~3.5%(由保险公司保底收益),适合长期规划和锁定养老金。
- 基金定投账户(长期增值型资产):优先选择宽基指数基

㊀ 投资理财需谨慎,本书提及的公司、案例、产品等不可作为您投资参考的依据。余同。本书所列观点仅代表作者观点。

金（如标普500），波动率较低、长期覆盖面广。适合月入3000~5000元群体，建议每月定投300~1000元，定期积累复利收益。

- 高流动性账户（短期应急备用金）：货币基金（如余额宝、零钱通、银行货币基金），年化收益在1%~2%，支持T+0赎回，适合灵活使用、应对突发性支出。

2.补充提示

（1）万能账户虽然年化收益稳定，但赎回通常需1～3天，流动性略低于货币基金。

（2）货币基金更灵活，但长期收益有限，适合短期调配和生活现金流。

（3）定投基金要坚持执行，避免择时焦虑，利用"长期时间杠杆"增加财富。

二、多元化投资组合的构建

1."100减年龄法则"的资产分配

（1）年轻阶段（20~35岁）：

- 权益类（70%~80%）：A股宽基指数（40%）+美股纳斯达克指数（30%）+行业主题基金（如科技、医药，占10%）。
- 固收类（20%~30%）：国债、债券基金保险或银行灵活理财。

（2）中年阶段（36~60岁）：

- 逐步降低权益比例至50%~60%，增配债券（30%）和房地产类［10%~20%，如REITs（房地产信托投资基金）］。

（3）退休阶段（60岁以上）：

- 权益类降至30%，固收类（国债、货币基金）占50%，另配置黄金（10%）对冲通胀。

2. 补充性资产配置

（1）房地产：通过REITs间接投资，年化收益4%~8%，分散区域风险（如一线城市＋海外市场）。

（2）黄金：配置5%~10%，通过黄金ETF（交易型开放式指数基金）或数字黄金（如PAXG）持有，以应对地缘政治风险。

（3）数字货币：高风险配置不超过总资产的5%，选择主流币或合规代币。

三、科技赋能的进阶策略

1. 互联网金融工具的灵活应用

（1）智能定投：

- 使用支付宝"智能定投"功能，根据市场估值（PE）自动调整金额（低估时加码1.5倍，高估时减半）。
- 结合"目标止盈"功能，设定年化收益目标后自动分批卖出。

（2）P2P替代方案：选择头部平台的短期固收产品（如银行理财子公司发行的R2级产品），年化收益3%~4%，避免非标风险。

2. 新兴领域的布局策略

（1）区块链与AI赛道：

- 低风险：投资指数型代币（如CRYPTO20指数），分散一篮子加密资产风险。

- 高潜力标的：选择解决实际痛点的项目，如去中心化算力（RNDR）、数据所有权协议（GRT）、AI代理（FET）。

（2）长寿经济关联资产：
- 医疗健康主题基金（如中证医药指数）、基因技术公司股权［通过QDII（合格境内机构投资者）基金间接持有］。

四、风险控制与动态调整

1. 定期评估与再平衡

（1）每季度检查投资组合，若某类资产偏离目标比例±10%，需调整（如卖出超额部分，补入低配资产）。

（2）每年根据年龄增长调整"100减年龄"比例，逐步降低风险暴露。

2. 极端行情应对

（1）股债跷跷板效应：股市跌时增配债券基金（如中债综合指数），反之亦然。

（2）黑天鹅事件：预留3~6个月生活费的现金类资产，避免被迫低位卖出。

五、长期视角：时间复利与习惯培养

1. 复利的关键

25岁开始每月定投1000元（假设年化收益8%），60岁可达240万元；若延迟至35岁开始，仅能积累90万元。

2. 习惯强化

（1）通过工资卡自动扣款定投，避免主观情绪干扰。

（2）每半年复盘一次收益，将定投金额随收入增长同步上调（如薪资涨10%，定投额增加5%）。

总结：从执行到迭代

财富积累的核心在于"纪律性执行+动态优化"，要决在于"时间复利"与"长期利率锁定"。初期以定投和基础配置为主，中期通过科技工具提升效率，后期关注新兴领域获取超额收益。始终牢记：风险控制比收益更重要，时间比时机更可靠。

最重要的是，定期审视和调整财务计划是财富管理的核心。市场变化无常，个人的生活情况也在变化。每年进行一次财务体检，分析资产负债、投资回报，不仅能确保财富稳步增值，还能随时调整策略应对不断变化的未来。

长寿时代的到来，是挑战，更是机会。在这片蓝海中，财富管理成为最关键的"底牌"。做好财富积累、科学投资、合理规划，才能为你迎来真正的"富足人生"，让长寿不再是负担，而是享受每个瞬间的起点。

当看到长寿时代众多老人面临的财务危机时，我看到的，不仅仅是别人的故事，也看到了过去的自己。

十年前的我，和大多数人一样对长寿时代毫无准备。我的钱没有规划，我的消费没有限制，而我的未来更是一片模糊。我花了很多时间研究财富管理，最终才明白，长寿时代的财务安全，离不开三大原则。

一是锁定被动收入。依靠工资并不是长久之计，必须用资产创造"源源不断的现金流"。

二是建立风险防控。意外和健康问题会随时吞噬财富积累，保险是不可或缺的防守工具。

三是改变消费观念。减少不必要的个人花费，养成从"短期满足"到"长期规划"的习惯。

我慢慢明白，钱不会主动守护你，只有规划才会。你也不需要做财务上的天才，但你必须明白财务上的规则。

财务危机的本质，不是你活得够久，而是你活着的每一天，都在为"没钱"买单。如果不改变我们的财富管理思维，不用等到百岁，50岁可能就是你的"破产线"。

健康布局：将健康"把控"在自己手中

在探索长寿时代的健康管理需求时，我们不得不面对一个现实：随着年龄的增长，我们的身体逐渐变得脆弱，疾病的风险也随之增加。然而，这并不意味着我们只能被动地接受命运的安排。相反，通过积极的健康管理，我们可以在很大程度上掌控自己的健康，甚至可能逆转一些不利的健康趋势。

现在，我们就以慢性病为切口，讨论一下长寿时代预防疾病、追寻健康的可能性。

慢性病是个体的基因遗传缺陷或多种健康危险因素长期累积、叠加并协同作用于人体的结果，其形成是一个缓慢而持续的过程。既然如此，我们是否可以转换思路，将"治已病"转为"治未病"或"治小病"，通过预防和早期干预阻止疾病进一步发展呢？

以癌症的发展历程为例：癌症是指恶性细胞不受控制地进行性增长和扩散，浸润和破坏周围正常组织，经血管、淋巴管和体腔扩散和转移到身体其他部位的疾病，属于恶性肿瘤的范畴。简单来说，就是基因发生突变，导致细胞生长和分裂失去了正常的控制机制。这些异常细胞会不断地增殖，形成肿瘤。这也正是癌症的可怕之处，因为每个人身上都可能存在潜在的基因缺陷或突变，但我们无法准确预测这些缺陷或突变何时会触发癌症。

那么，我们只能束手待毙吗？当然不是。

我们先来探讨一下：为何现代人的健康危机如此难以避免？

1. 生活方式的影响

现代人普遍缺乏运动，饮食不规律，高盐高糖的饮食习惯使得慢性病的发病率大幅增加。据统计，65岁以上老年人的高血压患病率接近60%，糖尿病患病率超过30%。

2. 疾病早筛意识不足

很多人认为只有出现症状了才需要看医生，而忽视了定期体检的重要性。事实上，大多数慢性病在早期并没有明显症状，但一旦发展到中晚期，就需要更高的医疗费用和更复杂的治疗。

3. 医疗保障不足

尽管医保覆盖面广，但报销范围有限，尤其是高端医疗和进口药品的费用，往往需要患者自行承担。

面对这样的情况，我们又该如何做呢？

十年前的我，对健康问题毫无概念。我认为年轻时多赚点钱比身体健康更重要。但后来我目睹了亲人因为生病付出的代价，才开始反思自己的生活方式和健康观念。

为了不让未来的自己和家人陷入健康危机的漩涡,我开始为自己建立一套健康"防守体系",早早地规划自己的健康。

(1)健康防守体系:保险是第一道"护城河"。

构建个人的健康防守体系,目标是设立资金安全垫,不因疾病风险感到担忧。

- 配置充足的重疾险和高端医疗险,确保大病不掏空家庭资产。
- 配置护理险,提前防范失能带来的生活质量危机。

保险就像健康版的"资产对冲工具",把大病和失能的风险转移给专业机构,让家庭资产不被意外吞噬。

(2)健康优化:把身体当作"长期资产"去打理。

有了保险的风险转移,接下来要做的就是像做财富定投一样,主动让身体账户"增值"。

1)高阶体检计划。

- 每年做常规体检,重点关注高血压、糖尿病、肿瘤等疾病。
- 每2~3年做高阶深度体检,包括心脑血管功能影像、肿瘤循环细胞检测、免疫功能检测。

2)功能医学干预。

- 设立90天"修复计划":从睡眠、运动、荷尔蒙平衡入手,重建身体活力。
- 每半年复盘一次,像管理资产组合一样,动态优化身体状态。

3)私人医生、营养师顾问机制。请私人医生和营养师量身定制健康计划,进行长期动态健康管理。

(3)健康前瞻：全球化的健康配置。

在预算允许的范围内，采用高端医疗，把全球最好的健康资源纳入"健康资产配置"。

- 去海外做癌症早筛、基因检测、心脑血管功能评估。
- 利用全球顶尖医疗，构筑健康保障的"第二层护城河"。
- 关注干细胞领域，锁定未来的再生医学机遇。

(4)健康预算与动态调整。

像管理财富账户一样，每年给健康账户留出10%~15%的预算，进行保险配置（重疾险、医疗险、护理险）、高阶体检和功能医学干预等。健康布局需要像财富计划一样，动态复盘、持续优化。

以上预防措施，是我个人在没有患病的情况下做出的规划，那么，患病的人又可以怎样做呢？

世界卫生组织于2011年指出，40%肿瘤可预防，40%肿瘤可治愈，20%肿瘤可长期带病生存。我们可以从三个层级对恶性肿瘤进行预防，如图1-5所示。

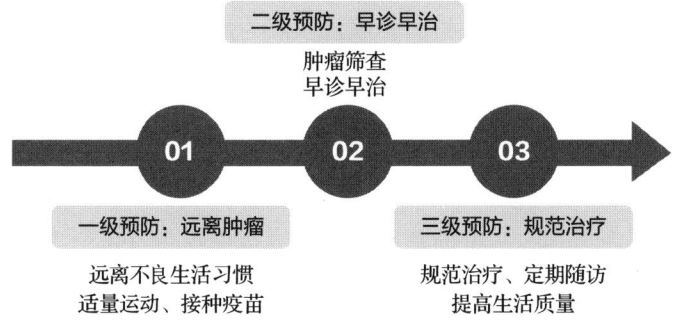

图1-5 肿瘤三级预防

首先，远离不良的生活习惯，进行适量运动，并接种疫苗。国际抗癌联盟（UICC）发布报告称：戒烟、限制饮酒、控制体重、有规律锻炼，可以有效预防癌症。

其次，通过定期筛查来进行预防。癌症具有不可预防性，可能会在任何一个年龄段出现。肿瘤筛查能够帮助我们在症状出现之前或肿瘤处于早期阶段时发现问题，此时的治疗往往更加有效，甚至可能实现根治。

最后，"有病就要治"，发现肿瘤后，应进行规范治疗。根据肿瘤的类型进行手术、放疗、化疗、靶向治疗、免疫治疗等，并定期随访监测治疗效果，保持良好的生活习惯和心态，积极配合医生的治疗。

除了癌症，还有许多大病也是从小病发展而来的。它们在早期通常没有明显的症状，或者症状较为轻微，容易被忽视。然而，这些看似不起眼的小病可能会逐渐恶化，最终演变为难以治愈的大病。

战国时期的蔡桓公"讳疾忌医"的故事可谓家喻户晓。当神医扁鹊提醒他皮肤有病时，蔡桓公不以为然，等到病深入骨髓时，已经无法救治了。这个故事告诉我们治病要趁早，等到拖成大病就无力回天了。

当疾病悄无声息侵蚀我们的身体时，只要我们有合理的健康观念，对疾病建立正确的认知，就能通过预防和治疗延缓"失去"的速度，或者说避免"失去"。健康防守的意义，不是让你永远不生病，而是让你即使生病，也能坦然面对。

健康是一种能力，而不是理所当然的权利。健康危机就像长寿人生中的慢性病，它不会一次性击倒你，却会让你在日复一日中逐渐失去自由、失去选择。而这一切的关键，是你能否在健康危机到来之前，为自己和家人进行足够的防守。健康，是长寿时代的硬通货，你必须早点规划，小心管理。

情感布局：连接好你的人际关系

老年孤独并不可怕，可怕的是，你已经忘了怎么与人连接。

为什么长寿有可能让我们未来的社交圈坍塌？究其原因，主要有以下几点。

1. 家庭结构的变化

在过去，家庭是人们情感支持的核心。然而，随着家庭规模的缩小和流动性增强，这种支持正在逐渐减弱。第七次全国人口普查数据显示，如今的核心家庭平均只有2.62人。而生育政策的遗留效应更让许多家庭面临"一个孩子四个老人"的困局。即使子女有心孝顺父母，他们也难以在日常生活中提供足够的陪伴。

2. 朋友的减少

随着年龄增长，老年人的社交圈会逐渐缩小。一方面是因为生理问题，比如行动不便、听力下降等导致与外界的联系变少；另一方面则是朋友们的相继离世，直接导致了社交网络的萎缩。老年人的世界，变得越来越小。

3. 社会排斥现象

老龄化社会中，老年人往往被贴上"落伍"的标签，难以融入年轻人的文化圈层。在这种情况下，许多老年人逐渐退缩到自己的小世界中，与外界的连接也越来越少。

长寿的代价，不只是身体衰老，还有你的人际关系一天天被掏空。

情感危机不仅是一种心理上的折磨，更是一种全方位的生活破坏力。前面我们提过，研究表明，长期的情感孤独会显著增加抑郁、焦虑等心理问题的发生率，甚至会对身体健康造成严重影响。

哈佛大学有项研究证明，孤独感会显著增加老年人患阿尔茨海默病的风险，同时孤独感与抑郁症的发生率呈高度正相关。那些缺乏社交支持的老人，死亡率往往比有丰富社交网络的老人高出30%。

长期的情感孤独不仅影响心理健康，还会通过多种方式影响身体健康，比如免疫系统功能下降、心血管疾病风险增加等。孤独感甚至被一些学者称为"新型健康杀手"。

更重要的是，情感孤独会让人逐渐失去对生活的热情和意义感。你可能有钱、有房子，但你却找不到一个能一起分享生活的人。没有了情感连接，长寿的人生只剩下机械地度日。

我楼下的张爷爷今年正好83岁，独居了十多年。每天他会按时吃饭、看电视、散步，但生活的重复性让他深深地感到无意义。他常常自言自语："我都不知道活着是为了什么。"在一次深夜的聊天中，他对邻居说："活着真是一件很累的事，尤其是当你一个人时。"

长寿时代的情感危机不是不可避免，但它需要我们主动去应对。以下几点就是情感布局的好方法。

1. 重建家庭连接：让爱回归日常

许多老年人与家人之间的关系疏远，是因为沟通的断裂。要重建这种连接，需要我们主动采取行动，比如：学会用现代的沟通工具与子女保持联系（如视频通话、社交软件等）；或者不要把情感需求寄托在"被动等待"上，可以主动邀请家人参与自己的生活。

2. 拓展社交圈：走出家门，重新建立连接

不要让自己的世界只局限在一间房子里。参与社区活动、加入兴趣小组，甚至学习新的技能，都可以帮助老年人重建社交圈。比如，退休后你可以参加书法班、广场舞俱乐部，或者去志愿者组织中找到志同道合的朋友。

3. 主动寻找情感支持

如果你感到孤独，不要害怕表达自己的情感需求。许多老人会因为"怕麻烦别人"而隐藏自己的情绪，但实际上，家人和朋友并不排斥给予帮助，只是需要你的主动表达。

4. 创造生活的仪式感

为自己设立一个小小的生活目标，比如每天走5000步，每周参

加一次社区活动。通过这些简单的仪式感，让生活充满期待。

幸福的情感不是偶然的馈赠，而是你用主动换来的结果。

十年前，我的生活也曾陷入情感危机。那时候，我以为只要赚够钱，健康无虞，生活就会幸福。但事实证明，当我在追求这些"硬指标"时，忽略了情感上的需求。那段时间，我的朋友圈越来越小，我甚至习惯了一个人吃饭、一个人旅行。

直到有一天，我发现自己在过生日时，竟没有一个可以分享喜悦的人。我开始意识到，情感连接才是生命中最珍贵的财富。从那之后，我学会了主动出击，不再等待别人来填补我的孤独。我开始和家人主动交流，也经常出去参加活动，认识了更多志同道合的朋友。

孤独不是一场被动的等待，而是一场主动的救赎。

百岁人生不只是数字的累加，更是一场情感的考验。如果你不能与他人保持连接，长寿不过是一场漫长的孤独。学会重建家庭关系、拓展社交圈，并赋予生活更多的意义，才能真正让长寿成为一场值得庆祝的旅程。

长寿是一场需要情感呵护的马拉松，你需要的不是一个人的坚持，而是一群人的陪伴。

1.5 行动指南：重建百岁人生的基本规则

长寿并非仅仅意味着多活几年，它带来了财务、健康和情感等多方面的挑战。要在百岁人生中活得充实而有意义，我们需要重新审视并规划自己的生活。以下是我为自己写下的重建百岁人生的基本规则，希望能帮助大家在长寿时代中从容应对各种挑战。

1. 财务规划：为长寿做好经济准备

延长工作生涯：传统的退休年龄可能不再适用于长寿时代。考虑延长职业生涯，不仅可以增加收入，还能保持社会参与感。

多元化收入来源：除了薪资收入，建立多元化的收入来源，如投资收益、被动收入等，以应对经济不确定性。

持续学习与技能提升：在快速变化的社会中，保持竞争力至关重要。投资教育和技能培训，确保自己在职场中保持价值。

储蓄与投资：制订长期的储蓄计划，并进行稳健的投资，以应对未来的财务需求。根据《百岁人生：长寿时代的生活和工作》（以下简称《百岁人生》）一书的建议，提前规划财务，将有助于在长寿时代保持经济独立。

2. 健康管理：延长健康寿命

定期体检：及时发现潜在的健康问题，早期干预，延长健康寿命。

健康的生活方式：保持均衡饮食、规律锻炼和充足睡眠，有助于预防慢性疾病。

心理健康：关注心理健康，寻求必要的支持，保持积极的心态。

预防性医疗：积极参与预防性医疗措施，如疫苗接种、定期筛查等，以减少疾病风险。

3. 社交与情感：建立稳固的支持网络

家庭关系：与家人保持紧密联系，建立互相支持的家庭环境。

朋友与社区：积极参与社区活动，结交新朋友，扩大社交圈。

情感投资：投入时间和精力在重要的人际关系上，建立深厚的情感纽带。

跨世代交流：与不同年龄层的人交流，获取多样化的视角和支持。

4. 心态调整：适应长寿带来的变化

接受变化：人生将经历多个阶段，接受并适应这些变化，保持灵活性。

持续学习：保持求知欲，学习新事物，适应社会的发展和变化。

设定新目标：在人生的不同阶段设定新的目标，保持生活的动力和方向。

自我反思：定期反思自己的生活方式和选择，做出必要的调整。

5. 法律与保险：保障未来的安全

完善的保险计划：根据个人情况，配置适当的健康险、寿险和养老保险，以提供经济保障。

法律文件：如遗嘱、医疗代理等，确保在紧急情况下，个人意愿得到尊重。

财务管理：与专业人士合作，制订财务和遗产规划，确保资产的有效管理和传承。

6. 环境适应：选择适合的生活方式

居住环境：选择适合老年生活的居住环境，如无障碍设计、便利的社区设施等。

生活方式：根据自身情况选择适合的生活方式，保持身心健康。

社会参与：积极参与社会活动，保持与社会的联系，预防孤独感侵袭。

7. 灵活应对：准备应对不可预见的挑战

应急预案：为可能的健康、财务或其他危机制定应急预案。

持续评估：定期评估自己的计划和准备，确保其适应当前的情况。

寻求支持：在需要时，及时寻求专业人士的帮助和支持。

总而言之，百岁人生需要全面而细致地规划。通过在财务、健康、情感等方面的积极准备，我们可以在长寿时代中活得更加充实和有意义。正如《百岁人生》一书所强调的，提前规划和积极应对，是迎接长寿时代的关键。

第 ❷ 章
40年后，我们还剩多少钱

2.1 需要多少钱，才能"老后无忧"

为了更好地迎接长寿时代的生存挑战，我们必须做好财富管理与规划。不过，我们到底需要多少钱，才能实现"老后无忧"呢？

在回答这个问题之前，我们首先需要问自己：我想要一个怎样的晚年？是只要够温饱就行，还是要过得相对小康甚至达到富足状态？要区分温饱、小康、富足状态，我们首先得找到一个标准。

2021年全国居民人均消费支出24100元，比2012年的12054元增加12046元，人均消费支出累计名义增长99.9%，年均名义增长8.0%，扣除价格因素，累计实际增长67.4%，年均实际增长5.9%。分城乡看，城镇居民人均消费支出30307元，比2012年累计名义增长77.2%，年均名义增长6.6%，扣除价格因素，累计实际增长47.9%，年均实际增长4.4%；农村居民人均消费支出15916元，比2012年累计名义增长138.7%，年均名义增长10.2%，扣除价格因素，累计实际增长99.7%，年均实际增长8.0%。

以2021年为例，一位退休老人如果全年能够领取的养老金达到31072元，则可以基本维持温饱；但3~5年以后，同样的金额就不一定能够保障同等质量的生活了。由此我们可以看出来，要想计算出退休后每年生活所需的养老金，必须将通货膨胀带来的贬值情况考虑在内。

根据上面的资料，假设一位城镇老人63岁退休，且当时老人的消费支出以2021年城镇居民人均消费支出为基数，且后续每年消费按年均名义增长6.6%，那么到79岁为止的消费总额约为81.88万元。也就是说，一位老人退休后，如果想要维持保证温饱水平的养老生活，在不考虑额外的医疗护理费用的前提下，大约要花掉81.88万元。

值得注意的是，以上数据都是根据平均数值计算出来的结果，如果想得到更符合自身情况的数字，可以根据自身的具体情况来做调整：一是可以将上述案例中的居民消费水平替换成当地的消费水平数据，二是可以将上述案例中的平均预期寿命替换成自己预期的寿命，这样重新计算一下，将得出更符合自身实际情况的数据。

然而，大部分人在经历了几十年兢兢业业的辛勤工作后，并不想在退休后只维持在一个温饱水平。那么，这里就要提到"小康的养老生活"了。退休生活要达到怎样的水准，才能称为"小康"呢？

在这里，我们可以假设小康即与退休前的生活水准基本保持一致。基于这一假设可知，保障小康的养老生活所需的养老金为：

居民消费水平+退休前可支配收入×50%。其中50%这一比例，是根据商业银行在审批个人贷款额度时将可支配收入的50%作为月还款额上限这一点得来的。

举个例子，假设一位城镇老人在2021年退休，退休前的年收入为50万元，缴纳五险一金及个人所得税后的可支配收入大约是37.2万元。那么这位老人在退休的第一年享受小康的养老生活所需要的养老金为30307+372000×50%=216307元。

按照我国当前平均寿命预期79岁来算，这位老人要维持从60岁退休直到79岁的小康的养老生活，大概需要400万元。

说完保障温饱和小康的养老生活，接下来说说最后一种——富足的老年生活。

按照字面意思，"富足"指的是退休后生活品质不会因为退休而产生任何影响，与退休前拥有同样的购买力，甚至还能负担购房、旅游等多种需求。要达到这一水准，保障富足的养老金为：退休前可支配收入×100%。在这个标准算法中不考虑居民消费水平的原因是，富足养老水平的消费水平已经远远超过了前者。

举例说明：如果一位老人在2024年退休，退休前的年收入为50万元，缴纳完五险一金和个人所得税之后的可支配收入大约为37.2万元。退休后，这位老人仍保持每年享有37.2万元养老金，则他从60岁退休到79岁需要养老金669.6万元，才能保证养老生活处于富足的状态。

从上述多组数据中不难看出，不论要过上哪一种水平的养老生活，从退休年到平均寿命预期年的十几年间，花费都不小。还有一点值得注意，不论是温饱水平的老年生活，还是小康或富足的老年生活，都是根据退休前的收入水平计算出来的。假如退休前的收入水平就不太乐观，退休后只会雪上加霜。

2.2 "不够养老"的养老金

人生是一场长跑，而养老金是陪伴你跑到终点的"燃料"。然而，大多数人直到需要养老金时，才发现自己的"燃料罐"早已干涸。在这个长寿社会中，养老金不够覆盖养老生活已经变成现代国家的一个普遍性社会现象。

养老金的缺口早已不是秘密。无论是世界上老龄化最严重的国家，还是处于快速老龄化进程中的国家，这一问题正在成为横亘在无数人面前的挑战。以日本为例，这个老龄化程度最高的国家，超过28%的人口年龄在65岁以上。而根据统计，日本的养老金替代率仅为40%左右，也就是说，一个退休者的养老金仅能覆盖其退休前平均收入的40%。这一比例连基本生活都无法保障，更不用提有质量的晚年生活。

中国的情况同样不容乐观。截至2023年，中国60岁及以上的老年人口已突破3亿，占总人口的比重超过20%。更令人担忧的是，受制于养老金制度和社会保险覆盖率，城市居民的养老金替代率仅为50%左右，而农村地区更是低至20%~30%。这种局面不仅意味着养老金本身不足以维持期望的体面生活,还面临着物价上涨的侵蚀。

养老金的真正风险,不是你没领到,而是你领到了,却发现它根本不够用。

政策法规保障,养老保险金不会白交

让我们先来了解一下我国的养老金制度。在我国,只要在参与社会工作时缴纳了社保,到达法定退休年龄并满足一定的缴费年限后,就可以按月领取退休金,也就是养老金,以保障退休后的基本生活。基于这一概念,很多人可能会有疑问:如果老龄化进一步加深,那么老年人口势必增加,到某些年后,我们现在交的养老保险金是否会被领完?

其实,养老保险金库是一个有出有进的活库,库内始终会留有一定的库存量,因此,养老金是不会被领完的。

《中华人民共和国社会保险法》的第二章第十五条规定,"基本养老金由统筹养老金和个人账户养老金组成"。统筹养老金即由用人单位为其职工缴纳的部分,流入国家的养老金金库,这个金库将为所有往这个库内注入资金的成员提供共济保障;除了用人单位缴纳的部分,还有我们个人缴纳的部分,这部分则会进入我们的个人账户。其中流入养老金金库的钱会转变成养老金,发放给当前已经退休的群体;而个人账户中的资金则不对公开放,只能被账户的主人领取。

有的读者看到这里可能会继续发问了,就算养老金金库是个

有出有进的活库，那也架不住现在的老龄化趋势，等再过十几二十年，流入金库的钱变少了，流出的钱变多了，社会的养老保险金是不是就发不出来了？到时候会不会挪用个人账户里的钱呢？

从理论上讲，在流出量大于流入量的时候，金库是存在被搬空的可能性的。不过，国家已经先于我们考虑到了这个问题，以三大措施来预防金库流空的问题：一是把金库里的钱用于投资，获得的收益会让金库里的钱日益增加；二是当流入量和流出量严重失衡时，调节两个端口的"流量"；三是开发新的资金注入渠道，如政府补贴，以增加金库里的钱。

据此可以知道，即使养老保险金库的库存告急，也有政府来兜底，即由财政来补贴。

那么，到这里可能又有读者要发问了，缴纳那么多年的养老保险金，万一根本没到领取养老金的那天人就去世了或者没领几年就去世了，那岂不是非常不划算？

《中华人民共和国社会保险法》第二章第十四条规定，"……个人死亡的，个人账户余额可以继承"。据此可知，我们缴纳的个人账户的养老金不仅不会被充公，可以一直领到身故，而且余额可以被继承人继承。

那么，进入下一个问题：个人养老金的多少究竟与什么相关呢？

一般来说，养老金的缴纳金额首先与本人的工资挂钩，因此，个人退休前的平均工资水平越高则退休金越多，而且个人所在地区的年度平均工资水平越高，退休金也越高；其次是缴纳社保的年限，缴纳的年限越长则退休金越多；再次是缴纳基本养老保险的总额越高则退休金越高；然后是缴费基数，缴费基数越高，统筹账户领取的养老金就越多；最后是个人的寿命，寿命越长者领取的养老金越多。

因此，尽管养老金一直会有库存量，但人口老龄化确实从一定程度上会影响未来老人领取养老金的多少，这也引出本节我们将要讨论的核心问题：随着长寿时代的到来，为何养老金有可能不足以覆盖我们的养老生活？其实，人口老龄化仅仅只是其中一个因素，下面我们来具体展开讨论。

三大元凶，导致养老金不足以养老

在聊到导致养老金不够养老的元凶之前，我们首先要弄清楚，物价上涨到底会造成什么后果？

打个最简单的比方，一瓶2元的550毫升矿泉水，今年购买只需要2元，而5年后则需要3元才能买到，这就是微观层面的物价上涨导致的后果。从本质上来讲，物价上涨会导致同样金额的货币的购买力被迫降低。

因此，在大多数人眼里，物价上涨不是好事。但事实上，对于企业和职工来说，物价上涨所带来的不一定全是负面影响——它可能会促进企业利润的增加，从而扩大生产；职工的薪资会上涨，从而刺激消费需求增长。最终在生产端和消费端之间形成良性循环，促进经济繁荣。由此可见，适度且温和的物价上涨对于宏观经济其实是一种积极信号。

那么，物价上涨对退休老年群体而言，也起到同样的积极作用吗？

假设某退休老人在2024年退休，其退休金为4000元，而物价上涨率为2.29%。到5年后，该退休老人的退休金的购买力将下降12.35%，也就是说，老人在2024年买一件100元的衣服，5年后要多花12.35元。可见，2024年前确定的养老金额不足以支撑该退休老人在2029年的消费需求，其生活水平会随之下降。

据此可知，物价上涨对当前的退休老人而言是非常不友好的。即使养老金会随着平均工资的上涨而有所上调，但往往赶不上在职人员的工资上涨幅度，因此退休老人的养老金基本上长期处于一种"购买力不足"的状态。通货膨胀对退休老人的影响并不止于养老金，甚至连存款都会一并受到影响而贬值。若退休老人除了养老金之外没有别的"活钱"来源，生活质量势必会受到负面影响。

除了宏观因素给个人造成的影响，家庭或个人层面的微观因素同样对个人的养老金产生作用。

以家庭为单位，硬性大额支出有的时候是无法避免的，比如买房、买车、结婚、生育、子女教育等，不管哪一项都是动辄几十万元甚至数百万元的开销。因此，很多人在年轻的时候即使能领取高工资，却仍然存不下钱。针对这种情况，个人所能做的也仅仅只有"量力而为"和"合理规划"了。毕竟如果个人不能对自己的收入进行妥善的管理和规划，且不说几十年后的养老的事了，恐怕当前只要遭遇一次重大变故，如遭遇裁员或重大疾病等，现金流可能会整体断裂，等到了退休之后情况可能更未可知。

最后要说到的一个影响因素是个人的健康状态。随着年龄的增长，人的各项身体机能会不可避免地下降，此时，医疗支出也将随之成为一笔不可避免的开销。虽然职工缴纳的五险一金中包含了医疗保险，医疗保险也能报销基本的医疗开销，但是一些更好、更优质的医疗服务是无法报销的，尤其是特需号、进口药、独立病房、外科手术等项目，基本都被排除在报销范围之外或只能报销极低的比例，个人仍然需要承担高额的医疗费用。以 ICU 病房开销为例，病人住一天 ICU，开销就高达上万元，若住上几个月，基本就是上百万元的开销，而基本医疗保险对于 ICU 的报销比例仅为 40%。如此高昂的医疗支出，不仅有可能迅速消耗掉我们用于养老的储蓄，甚至可能会让我们因病返贫。

从上述种种可能发生的情况来看，养老金确实会让退休老人受益。不过，从各个层面来看，在未来，养老金都是跟不上退休老人的消费需求的——养老金不足以提供与退休前同等的物质生活，将成为一种必然趋势——钱会贬值。

到这里，你还敢说，"养老不是可以靠养老金吗？"

想完全靠养老金在晚年过得优渥，是一件比较难达到的事情。那么，靠年轻时投资的不动产养老靠谱吗？在 2.3 节中，我们将来讨论这一举措的可靠性。

2.3　你的房产，真能养老吗

中国人对房产有着深深的执念。很多人会说，"我有房，养老没问题"。但房子真的能变现为你所需的财富吗？事实上，房产也是除养老金外，长寿时代中最大的财富"误解"之一。

根据国家统计局数据，近年来我国二手房交易周期已经超过4个月，在一些地区，这一时间甚至高达6个月。对于急需现金的老人来说，这种流动性差的问题无疑是致命的。此外，持有房产的隐形成本（如物业费、维修费、税费）每年可能占到资产价值的2%~3%。更重要的是，未来房地产市场的不确定性，让"房子养老"的计划变得越发脆弱。

红利期已过，购置房产顾虑多

在探讨这个问题时，我们先来看看，房产是否真的有十足的活力，可以供养一个人退休后的养老生活。

2016年之后，头部房企们不停拿地、盖房，维系"虚假繁荣"。2019年，国家出台"三道红线"政策，很多房地产商在红线下被严控贷款，后续资金乏力。此后，房地产市场持续增长已难，进入一个调整期。

在此情况下，房地产业在政策影响下产生了明显的活力变化。

一是，需求端变化。2024年9月26日，中共中央政治局召开会议，强调"要促进房地产市场止跌回稳"，随后多部委集中出台政策"组合拳"，包括降低住房公积金贷款利率、降低住房贷款的首付比例、取消限购、取消限售、取消限价等。然而，居民收入预期尚未根本性扭转，房价下行预期、还贷能力担忧等因素，仍使居民购房意愿不强。此外，人口结构变化，老龄化加剧，刚需和改善型购房者变得犹豫不决，炒房客也逐渐离场，导致大量存量房难以消化。

二是，供给端变化。新房市场供应虽有增加，但由于政策调控，市场对库存的接受度不足，导致库存压力加大。同时，部分城市的存量房老化严重，配套设施跟不上，市场吸引力降低。

近年来，尽管政策不断调整以刺激房地产市场，但由于人口结构变化、居民收入预期不稳定等因素影响，房地产市场的活力仍面临较大挑战。未来房地产市场的走势仍存在不确定性，需进一步观察政策效果及宏观经济环境的变化。

另外，由于我国老龄化趋势日渐加快，城市的家庭正朝着"4个老人+一对中青年夫妻+1个或2个孩子"的结构发展。而这种结构中的老人和中青年夫妻都有独立住房，那么在若干年后，将会出现大量房产聚集至老人的孙辈名下的情况，到时供大于求，房价会出现更大幅度的下降趋势。

因此，以房地产来做养老资产在未来将主要面对三个不确定因素。

首先，房价目前已经在走下坡路，未来的房价行情并不容乐观，现在购入房产大概率将导致资产缩水。

其次，房价在很大程度上受到地域影响，如果购置的房产所处的城市经济下滑，对于年轻人的吸引力下降，宜居度下降，则房产也会随之贬值。

最后，购置房产需要投入大量的资金，对于经济条件本就紧张的人来说，这笔资金会成为沉重的经济负担。而且，持有房产也需要付出大量的成本，比如物业费、卫生费、房产税等，都是长期持续支出的"养房"成本。

客观限制，警惕不动产变"不动产"

除了前文中提到的个人在购置不动产时所要面对的顾虑，房地产行业本身客观上也有一些不可忽视的劣势。

不动产的流动性差，是其作为养老投资的一大隐忧。在理想状态下，一个优质的养老资产应当能在需要时迅速转化为现金流，以应对可能出现的医疗、护理或其他紧急支出。然而，现实往往与理想相去甚远。据国家统计局数据显示，近年来我国二手房交易平均周期已超过4个月，部分一线城市甚至长达6个月以上。这还不包括前期看房、议价、签订合同以及后续的贷款审批、过户等烦琐流程，整个过程耗时费力，对急于变现的卖家而言，无疑是巨大的考验。

如果说流动性差是房产作为养老投资的内生缺陷，那么政策调控则更是悬于其上的"达摩克利斯之剑"。每出台一项新政策都可能对房价产生直接或间接的冲击。

另外，我们还需关注社会变迁对房产作为养老投资的影响。随着中国社会老龄化程度的不断加深，养老需求日益增加，但同时也面临着养老资源分配不均、养老服务供给不足等问题。在这一背景下，房产作为养老资产的价值正受到重新审视。

一方面，老龄化社会催生了对于高品质养老社区、养老公寓等新型养老模式的需求。这些新型养老设施通常集居住、医疗、娱乐等功能于一体，能够为老年人提供更加全面、专业的养老服务。相比之下，传统住宅在养老功能上显得较为单一，难以满足老年人多样化的需求。

另一方面，随着家庭结构的变化和年轻一代生活压力的增大，传统的"养儿防老"观念逐渐淡化，越来越多的老年人开始寻求独立、自主的养老方式。这意味着，他们可能更倾向于选择那些能够提供便捷服务、良好社区氛围的养老机构，而非仅仅依赖于自己名下的房产。

虽然不动产曾被视为养老资产的稳定来源，但在当前的经济、社会和政策环境下，其作为养老投资的优势已经大不如前。流动性差、升值空间受限、政策调控的不确定性以及社会变迁对养老需求的影响，都使得不动产在养老规划中的地位变得复杂和不确定。

房产面临的以上所说的流动性、隐形成本、供需变化等问题逐渐让我们不能单纯依赖不动产作为养老的唯一手段。

比如我的一个客户李阿姨，在市区有一套600万元的老房子，她一直认为这套房子是她的"养老保障"。

然而，房子需要大规模翻修，李阿姨不得不掏出20万元维修费用。而她的养老金每月只有4000元，这让她几乎花光了所有的储蓄。更糟糕的是，当她考虑卖掉房子时，发现买家大多嫌房子太老，导致房产变现困难。

由此看来，房子看似是资产，实际上可能是我们的负债。

房子可以是养老资产的一部分，但绝不能是唯一的选择。在这个长寿社会中，真正的养老安全感来自多元化的资产配置和稳健的现金流，而不是单一的、不确定的房产投资。

面对未来的养老挑战,我们需要更多元化和灵活的养老策略,通过提前规划和适时调整,更好地应对未来的不确定性。我们需要更开放的心态,来积极应对长寿时代的挑战,为自己的未来打造一个更加坚实的养老保障。

2.4　医疗费用上涨,怎样做好财务准备

相信有很多人或多或少都有这样的感觉,那就是近年来看病好像越来越贵了。最近,我偶然还听到同事抱怨道:"以前感冒只要几块钱就能治好,现在咳嗽一下就要几十块钱起步。"

这其实是医疗费用上涨的结果,跟物价上涨类似。比如猪肉以前几块钱一斤,现在则要二十几块钱一斤。医疗费用整体上涨,对我们普通人来说,无论是看门诊、吃药,还是住院、做手术,价格都越来越高。

很多人会想"我也不是每天生病",觉得医疗费用上涨一些可以接受,从短期来看的确如此。然而,如果医疗费用一直在悄悄上涨呢?对许多家庭来说,若没有很好的经济条件,时间越久,医疗费用一直上涨,越难以承担由此带来的经济压力。

不断上涨的医疗费用

在前文中我们曾提到,物价上涨会导致我们的购买力降低,意味着买相同或更少的服务,却需要花更多的钱。以此为基础,我们对医疗费用上涨将会带来的后果就比较容易理解了。

根据美世集团发布的《2024年全球医疗趋势报告》，2023年全球医疗通胀率高达12.4%，2024年略降至11.7%。从2011年到2024年，我国人均医疗费翻了3倍多，未来还可能继续增长。比如，抗肿瘤化学药物配置费用涨幅达116.7%，人工煎药费用更是暴涨900%，心理治疗费用涨幅达250%，食管癌根治手术费用也上涨了113%。不只是我国，其他国家药价涨幅也很惊人，如阿根廷药品价格年涨幅甚至达到了254%。

这样看来，医疗费用上涨的速度，远远超过了物价上涨率。那么，为什么医疗费用的涨幅会这么高呢？这和很多因素都有关。比如人口老龄化、全球居住环境的污染、人们亚健康的生活方式……当然，还有医疗技术的进步。

前几个因素可能比较容易理解，毕竟疾病发病率越来越高，老龄化带来的就医资源诉求也越来越高，那如何理解医疗技术进步带来的医疗费用上涨呢？

我们不妨先问自己几个问题：是现在的医疗条件好，还是过去的医疗条件好？是现在的医疗技术发达，还是过去的医疗技术发达？答案毋庸置疑。其实，人类始终在探索着如何改善医疗条件、如何克服疾病甚至如何延长寿命。譬如曾经一旦感染上就几乎无法治愈的天花病毒，在人类不断的尝试与探索中，现在已经被彻底消灭。

因此，随着科学的不断进步，人类对疾病的认识也会越来越深入，从而探寻到更多克服疾病的方法，这是一种必然趋势。在我看来，医疗资源的特殊性在于，它直接与人的生命相关，而不会被经济或者市场的需求左右，因为，面对生与死，个人永远是被动的一方，所以，医疗进步势不可挡。

而一旦有新技术出现，那么它的费用，至少其前期费用，一定是会更昂贵的。为什么呢？一方面，就像前文提到的，医疗进步的背后，来自前期的不断研发探索，其中损耗的成本是巨大的。另外，虽然新技术和新药物可以改善治疗效果，但其推广成本也往往很高。为了覆盖前期探索、研发以及后期推广成本，新技术的费用往往昂贵，同时由于更新速度越来越快，新"卷"旧，旧"卷"新，医疗费用涨幅越来越大。

另一方面，随着人口老龄化不断加重，为迎接长寿时代，银发经济也开始兴起，人们对于医疗服务的要求也变得更加"挑剔"。值得关注的是，海外医疗产业链涵盖了从医疗服务提供、医疗技术研发、医疗设备生产到医疗旅游的完整链条。这一产业链不仅涉及医疗服务的直接提供者，如医院、诊所、康复中心等，还包括医疗设备制造商、医药研发企业以及与之相关的支持性服务，如医疗保险、医疗旅游服务等。这一现象足以说明，未来的医疗技术会越来越发达，但好的医疗也只会更贵。

因此，无论从哪个影响因素来看，医疗费用无论是绝对价格还是相对价格，都会一直在上涨的过程中。

不断紧缩的"未来钱包"

面对医疗费用上涨的趋势，我们的"未来钱包"却正以一种不易察觉却确实存在的方式悄然紧缩。我们似乎能想象，那些我们如今还能勉强承担的疾病治疗费用，到了10年后，或许将变得完全令人无法招架。

需要注意的是，医疗技术的不断进步和人们对健康生活品质追求的不断提升，正在推动医疗服务品质和范围的迅速扩张。从基础的诊疗服务，如血常规检查、X光拍摄，到高端的个性化健康管理方案，如基因测序、精准医疗等，每一项都需要巨大的经济投入。据世界卫生组织的数据，全球在个性化医疗领域的投资在过去5年内增长了近50%。这意味着，我们的"未来钱包"不仅要应对医疗通胀带来的价格上涨，还要满足对更高品质、更个性化医疗服务的需求。

与此同时，长寿时代的到来进一步加剧了这一趋势。随着生活水平的提高和医疗技术的进步，全球人口的平均寿命正在不断延长。以我国为例，65岁及以上老年人口的比例在过去20年间增长了近1倍，预计在未来几十年内还将继续增长。老年人口的增多意味着对医疗服务的需求将更加旺盛，医疗资源将变得更为紧张，医疗费用也将随之水涨船高，从而造成进一步的医疗费用上涨。据预测，到2050年，全球医疗费用的总额将比现在增加近2倍，其中大部分增长将来自老年人口对医疗服务的需求增加。

因此，面对如此严峻的医疗通胀趋势，以及为了更好迎接长寿时代的到来，我们必须提前做好准备，合理规划未来。通过增强健康意识、提高医疗保障水平、优化医疗资源配置等多种方式，努力减轻医疗通胀对我们"未来钱包"的冲击。只有这样，我们才能确保自身拥有足够的经济能力，来应对未来可能出现的各种医疗挑战。

第 3 章
在当下奋斗,为未来"买单"

3.1　不确定性才是唯一的确定

当你睁开眼,发现生活早已不是"稳如泰山",而是"风起云涌",你会不会感到不安?新冠疫情期间,公司裁员、商铺倒闭,多少人从稳步上升的生活轨迹上被猛然推下,而这一切不过是我们处于不确定性大潮中的一个缩影。

不确定性,已经成为现代社会的常态。从职业生涯到投资市场,从经济环境到个人健康,未来的不确定性贯穿人生的每一个阶段。

小张曾是一家民营企业的中层管理者,享受着稳定的月薪和公司定期发放的季度奖金,这样的收入让他逐渐养成了用高端消费品来奖励自己的习惯。从名牌奢侈品到贷款购买的豪车,他几乎毫无节制地满足着自己的物质欲望。然而,好景不长,企业遭遇了严重的经营危机,资金链突然断裂,他猝不及防地失去了工作。面对每月高昂的车贷和日益减少的银行存款,小张猛然醒悟,他原以为稳固的"优渥生活",其实不过是如同建在沙滩上的城堡一般脆弱。

这种经济的不确定性，对于我们普通人的未来发展来说，其实只是冰山一角。

如今，科技的迅猛发展也正在颠覆职业的定义，人工智能的普及加速了岗位的消失与更替。一个30岁拥有一技之长的程序员，可能到了40岁，他的技能就已经完全过时。如果他没有能力重新学习和适应，那么很可能成为职场中的"被淘汰者"。

同样，比职业变化更令人措手不及的是我们对未来健康难以把控。

未来不会随着我们的心意运行，而是充满未知的挑战，谁能先准备好，谁就能活得更安稳舒适。

《非对称风险》的作者纳西姆·尼古拉斯·塔勒布（Nassim Nicholas Taleb）曾说过一句话："对随机性、不确定性和混沌也是一样：你要利用它们，而不是躲避它们。"尽管对未来我们是不确定的，但正是这种"不确定"反而才是唯一确定的事。

那么，我们怎样充分利用这种"不确定的确定"，来做好自己的未来规划呢？

养老的本质：寻求一个确定的未来

养老，这一看似简单实则复杂的社会议题，其本质在于在不确定中寻求一个确定的未来。为什么这么说？

首先，从人生长度的变化来看，随着医疗技术的进步和生活水平的提高，人们的寿命普遍延长，长寿时代已经来临。因为在以前，人们一般是"工作30年，养老20年"，现在则是"工作30年，养老40年"。赚钱的时间没变，而用钱的时间却翻了倍。这说明，随着长寿时代的来临，面对新的人生长度，我们需要及时做出新的人生规划。

其次，养老规划中的风险管理与控制是应对人生不确定性的核心。随着年龄的增长，我们面临的风险也在不断增加，包括健康风险、财务风险等。健康风险方面，老年时，我们将更容易患病，医疗费用支出可能大幅增加。为了应对这一风险，购买医疗保险、进行定期体检等成为必要措施。财务风险方面，退休后的收入来源可能变得单一，而生活费用、医疗费用等支出却持续存在。因此，通过多元化投资、分散风险等方式，为养老资金保值增值，降低财务风险，是养老规划中的重要一环。

最后，政策环境的变化也对养老规划提出了更高要求。政府可能会调整养老金政策、医疗保险政策等，这些变化都会直接影响到我们的未来生活。因此，密切关注政策环境变化，及时调整养老策略，也是应对人生不确定性的重要手段。

综上所述，养老规划不仅仅是为了满足老年生活的基本需求，更是在不确定的人生旅途中寻求一份确定和安心。通过合理的养老规划，我们可以更好地应对长寿时代带来的挑战，确保自己在未来能够享有稳定、体面的生活。因此，养老规划对于每个人来说都是至关重要的，它是我们应对人生不确定性的重要保障。

想象一下，我们退休之后，每个月有足够的钱去满足自己的小小愿望，去旅行、去品尝美食、去追逐梦想，这是多么美好的事情。提前规划养老并不是太早，相反，越早开始越有时间积累财富，为未来的退休生活提供越多可能性和保障。

不管是处于青年期，还是处于中年期，都需要有意识地为退休生活做好规划。尤其是中年期，中年期是我们职业生涯发展的重要阶段，通常也是我们收入较高和负债较少的时期，这也意味着我们有更多的经济能力来储蓄和投资，从而为退休后提供更大的财务支持。

如果你已经意识到了这一点，那么，就需要赶快开始行动，做出规划了。具体怎么规划，下面我会一一解答。

养老规划怎么做

养老规划是一个长期的过程，需要时间来积累资金并使其增值。

如果我们等到晚年才开始关注养老，那么要想在短时间内攒下足够的钱无疑是困难的。而如果我们从中年开始进行养老规划，我们就有更多的时间来逐步建立养老金储备，通过理财和投资让我们的资金增值，有效减轻退休后的经济压力。

当然，养老规划的本质不是存钱，而是锁定终身的收入能力；不是此时有一大笔钱在手，而是未来有很多钱等你。简单来说，就是拥有属于你的"现金流"。现金流即一种持续、稳定且可预期的收入来源。

与单纯积累财富不同，养老规划更注重于构建一种能够穿越时间、抵御风险的财务体系。通过合理的资产配置与风险管理策略，我们可以确保在退休后的岁月里，无论市场如何波动、经济环境如何变化，都能拥有一份稳定可靠的收入来源。这份现金流不仅能够覆盖我们的基本生活开支，还能让我们有余力去实现更高品质的生活体验和精神追求。

为什么要强调现金流？诺贝尔经济学奖获得者罗伯特·默顿（Robert Merton）认为，一个人退休后的生活水准并不是由财富总额决定的，而是由收入现金流来决定的。假设你有两套房，一套自己住，一套孩子住，账户上有100万元存款，退休后能领到3000~4000元的社保养老金。看似有千万元资产，但如果每月开销都远超社保退休金，再加上看病，不知道什么时候存的100万元就会用完了。

所以，面对养老的焦虑感，不是拥有资产或者"不敢花"就能够解决的。相反，如果是现金流，这个月用完了，下个月还会准时打到自己的账户，这才是安全感。

除此之外，养老规划也需要我们做出一些决策和调整，例如确定退休时的目标和预期的生活水平，评估当前的资产和负债情况，并根据这些信息制订合理的储蓄和投资计划。这些决策和调整需要时间来逐步优化和执行，以确保我们的养老计划更加完善和可行。

当然，除了金钱，养老规划还需要我们关注身心健康。

叔本华曾经说过一句话："人类所能犯的最大错误，就是试图用健康，去换取其他身外之物。"因此，我们必须保持良好的生活习惯、均衡的饮食、适度的锻炼以及积极参与社交活动，这些都是帮助我们延缓衰老、保持活力和幸福感的重要因素。提前养成健康的生活方式，不仅有利于我们的身体健康，还能为退休后的生活增添更多的色彩。

此外，我们还要勇于将"生病"放进未来的"预设"中，正视"生病"这件事并妥善规划，提前准备以应对健康挑战。

医疗费，是疾病导致的开销里的最基础的费用。无论是慢性病还是重大疾病，产生的医疗费都是不菲的。通常，患者在被确诊患有重大疾病后，会面临一个关键的5年生存期。这5年被认为是至关重要的，因为只要患者能够成功度过这5年，并在这期间得到妥善的医疗照顾和充足的调养，那么其病情后续复发的风险将会显著降低。

相信每个人面对这种情况，都不会选择"省下"这笔钱。因为健康是未来的基础，生命存续才会有更多可能。

因此，面对可能产生的健康风险，我们不能抱有侥幸心理，更不能忽视预防与准备的重要性。我们可以通过购买医疗险、建立应急储蓄以及关注医疗费用的变化趋势，为自己和家人构建一个更加稳固的医疗保障体系，让未来的生活更加安心和无忧。

长寿时代，社会经济模式、人们的生活方式等都会发生巨大变化，银发经济早已悄然发展。提及养老，我们不应再避之不及，而应积极应对，以"确定"来应对"不确定性"。养老规划，越年轻越好。

简单来说，应对不确定性的第一步，是未雨绸缪。储备紧急备用金，是抵御经济冲击的关键。理财专家建议，储备至少6个月的生活费用作为备用金，用以应对突发失业或不可预见的开支。数据显示，拥有备用金的人在面对经济危机时的抗压能力是没有储备者的3倍以上。

第二步，是分散收入来源。单一的收入来源意味着一旦失去，就可能陷入经济困境。如今，越来越多的人通过多渠道赚取收入——无论是短视频内容创作者，还是电商创业者，他们都在用行动为自己的未来增添一份确定性。

第三步，是提升抗风险能力。健康保险的价值不止在于转移医疗费用，更在于为你提供应对健康风险的底气。近年来，越来越多的人选择配置保障型保险+优质医疗绿通服务，这些防线的构建，能够在最脆弱的时候为生活提供最大的保障。

风暴永远不可预测，但准备一艘坚固的船，可以助你安全抵达彼岸。

人生的不确定性，不仅是一个需要解决的问题，更是一个创造价值的机会。拥抱变化，主动规划，才能让你从被动的"抗争者"转变为掌控自己命运的"设计师"。如果说昨天的不确定性是我们的敌人，那么今天，它完全可以是我们成长的助力。谁先准备好，谁就能在这场游戏中赢得更多筹码。

3.2 投资未来：给自己增添一份稳定

正如前文所言，我们终其一生，都在寻找"确定性"，这种"确定性"，可能是"一个安稳的未来"，也可能是"一份稳定的收入"，或者"一笔可观的财富"。但归根结底，我们目前所做的一切，都是在为未来做一份投资，比如：积极健康生活，是为了生命安全；认真锻炼讲究饮食，是为了身体健康；努力学习工作，是为了人生多几分意义。因此，在这个充满变数的世界里，明智的未来"投资决策"，会是成为实现这一目标的关键路径之一。

有一句话常被人们引用："想知道你的未来，看看你今天在做什么。"这不仅仅是鸡汤，更是被生活一次次验证的现实。你的每一次选择、每一种习惯、每一笔开销或者投资都会像一块块积木，最终搭建出你的未来。而未来的模样，不是突如其来的奇迹，而是每天点滴堆积的结果。

本节我们将从定期存款、保险、股权、债券、基金及技术性收入六大类养老资产入手，详细介绍它们的特征与作用，为我们的未来养老规划提供有价值的参考。

配置"养老资产"，不仅限于养老金

随着人口老龄化的加剧，养老问题日益成为社会关注的焦点。为了保障老年人的生活质量，目前，各种资产配置已经发展得非常成熟了，而多样化的养老资产配置也成了大家的选择。暂且不论未来是否会出现新的资产配置方式，现在，在我们可选择的范围内，我们需要明确这些可以为未来"投资"的各种资产配置方式，以便我们做出合理的未来财务规划。

第一类养老资产是定期存款。虽然是老生常谈，但定期存款确实是稳健养老的基础。

定期存款作为银行的正规金融产品，可为客户保障存款的本金和利息，风险极低且收益稳定。基于这个优点，定期存款在养老资产中的作用不可忽视。对于追求资金安全性和稳定性的老年人来说，定期存款是理想的养老储备方式。它不仅能够为老年人提供稳定的利息收入，还能在紧急情况下作为应急资金，确保老年人的生活不受影响。

第二类养老资产是保险——风险管理的利器。保险是一种基于合同约定，由投保人向保险人支付保险费，以换取保险人在特定情况下给予经济补偿的商业行为。保险是一种受法律保护的金融产品，保险合同的签订、履行及争议解决均需遵循相关法律法规。不仅具有风险管理的功能，还具有投资增值的潜力。投保人支付的保险费部分用于构建保险基金，通过投资运作获取收益。

在养老规划中，保险的作用尤为突出。养老保险、健康保险等保险产品能够为老年人提供经济保障，减轻因疾病、意外等风险带来的经济负担。此外，一些具有投资功能的保险产品还能为老年人带来额外的收益，提高养老生活的质量。

第三类养老资产是股权。股权是股东基于其出资行为而取得的特定民事权利，具有财产性、多样性、可分割性和可转让性等特征。股权包括公益权和自益权两项权能，股东不仅享有参与公司决策的权利，还享有按照出资比例分享公司的收益的权利。持有者也可以选择合适的时机转让自己所持有的股权，以股权换取更灵活的现金流。

股权作为养老资产的一部分，因为能够带来可持续性收益而被人们视为长期增值的潜力股。对于具备投资能力和风险承受能力的老年人来说，持有公司股权不仅能够分享公司成长的成果，还能在股权转让时获得可观的资本增值收益。此外，参与公司决策和管理还能满足老年人精神层面的需求，提升养老生活的品质。

第四类养老资产是债券。债券是政府、金融机构、工商企业等机构直接向社会借债筹措资金时发行的债权债务凭证。债券一般都规定了偿还期限，发行人必须按约定条件偿还本金并支付利息，利率通常相对固定，而且因为发行机构受到严格的监管，所以具有高度的安全性。此外，债券一般都可以在流通市场上自由转换，具有较高的市场流动性。

在养老资产中，债券扮演着稳定收益守护者的角色。对于追求稳定收益的老年人来说，债券是理想的投资选择。它不仅能够为老年人提供稳定的利息收入，还能在债券到期时收回本金，确保资金的安全和流动性。此外，债券的流动性也为老年人提供了灵活的资产配置空间。

第五类养老资产是基金。基金是一种将众多不特定投资者的资金集中在一起，委托专业的基金管理人进行投资管理的投资制度。基金能够将众多投资者的资金集中起来进行投资运作，实现资金的规模效应，或以组合投资的方式进行投资运作，分散风险并提高收益。

作为养老资产，基金投资通常具有长期增值的潜力，尤其是股票型基金。而且在投资初期不要求投入大额资金，对于不同层次的人来说都有比较强的适应性。它不仅能够为老年人提供稳定的投资收益，还能实现复利效应。

第六类养老资产是技术性收入。技术性收入虽然不比前面提到的几种养老资产那样利益空间大，但好在其持续性和稳定性都不差。技术性收入通常来源于技术创新、专利授权、软件许可、技术服务等，往往能够以其较长的生命周期为养老生活提供持续的资金支持。

作为养老资产，技术性收入在带来持续稳定的收益之余，还能分散投资行为所带来的风险，可作为养老资产配置的兜底操作。

此外，技术性收入的来源更多元化，可以根据市场需求和技术发展进行灵活的调整和优化，以适应不断变化的养老需求。

总的来看，人们可以选择和配置的养老资产还是非常多元的，可选择性比较多。另外，根据当前严峻的老龄化趋势，我们也不妨抱有更好的期待，即个人养老在不远的未来将与国家的社会保障福利体系并行，共同支撑我们的退休养老生活。

最大的投资是投资自己

投资大师查理·芒格说："要得到你想要的某样东西，最可靠的办法是让你自己配得上它。"学习是一项非常靠谱的投资，受教育会使人更聪明，越聪明就会越注重学习，形成自我提升的良性循环。因此，对那些不满意自身收入的人来说，除了前文中提到的理财配置，最有可能快捷致富的手段就是让自己聪明起来。

一是，我们要学会投资自己的大脑。在知识爆炸的时代，信息不再是稀缺资源，而如何筛选、整合并应用这些信息，成为区分平庸与卓越的关键。投资大脑，意味着不仅仅追求学历上的提升，更在于持续不断地学习新知识、新技能，以及培养批判性思维和解决问题的能力。这种投资，是对个人认知边界的拓宽，是对未来不确定性的有效应对。

通过广泛阅读、参加专业培训、参与行业交流等方式，我们可以接触到不同领域的前沿思想，拓宽视野，增强跨领域合作的能力。正如芒格和巴菲特所展现的，他们之所以能在投资领域取得非凡成就，很大程度上得益于他们广泛的知识储备和深刻的洞察力。这种洞察力，正是长期学习和思考的结晶。

但投资大脑并非一蹴而就，它需要我们养成良好的学习习惯。每天安排固定的时间进行学习，无论是阅读书籍、观看教育视频，还是参加线上课程，都能让知识的积累成为一种常态。同时，善于利用碎片化时间也至关重要。在通勤路上听有声读物，在午休时阅读一篇专业文章，这些看似微不足道的举动，都能在日积月累中汇聚成知识的海洋。

二是，我们可以投资人脉。人脉，是通往成功的隐形桥梁。通过积极社交、建立广泛的人脉网络，我们可以获得更多的机会和资源，拓展自己的发展空间。同时，人脉也是情感交流的纽带，能够让我们在追求事业成功的同时，享受到人际关系的温暖和力量。

三是，我们可以投资事业，让我们在职场中脱颖而出。事业，是实现个人价值和社会价值的重要途径。在职场中，专业技能是立足之本。因此，我们要不断提升自己的专业技能，通过参加行业培训、考取相关证书等方式，让自己在专业领域中更具竞争力。例如，程序员可以通过学习新的编程语言和技术框架，提升自己的竞争力；设计师可以通过参加设计比赛和培训，提升自己的设计水平。只有不断提升自己的专业能力，才能在职场中立于不败之地。

另外，职业素养也是职场成功的重要保障。要注重培养责任心、敬业精神、团队合作精神等职业素养。学会沟通协调，提升自己的领导能力，这些都能让我们在职场中脱颖而出。同时，要关注行业动态和发展趋势，及时调整自己的职业规划，以适应不断变化的职场环境。

四是，我们可以投资眼界，拓宽视野与格局。眼界，决定了我们能看到多远的未来。通过旅行、参加文化交流活动等方式，我们可以拓宽自己的视野，了解不同的文化、风俗习惯，从而更好地理解世界，提升自己的格局。阅读经典著作、历史书籍等，可以帮助我们了解人类的发展历程和智慧结晶。同时，通过学习哲学、心理学等知识，提升我们的思维层次和认知水平。

关注社会热点与趋势，还能让我们更好地把握时代脉搏。例如，关注人工智能、大数据等新兴技术的发展，可以让我们提前布局，抓住新的机遇。在这个快速发展的时代，只有不断拓宽自己的视野，才能在变化中找到自己的位置，实现个人的成长与发展。

五是，我们可以投资时间。时间是我们最宝贵的资源，学会合理安排时间，提高时间的利用效率，是投资自己的重要环节。明确自己的目标和价值观，将时间优先分配给重要且紧急的事情，能让我们在有限的时间内创造更大的价值。提高时间利用效率的另一点是避免时间浪费。减少无效社交、过度娱乐等行为，将时间用于更有价值的事情上，能让我们在人生的道路上走得更远。在快节奏的生活中，我们要学会区分哪些事情是真正重要的，哪些只是暂时的诱惑。通过合理安排时间，我们不仅可以提高工作效率，还能为自己的成长和学习腾出更多时间。

六是，投资兴趣爱好。好的兴趣爱好能丰富我们的精神世界，提升生活质量。学习绘画、音乐、书法等艺术形式，可以让我们在忙碌的生活中找到一片宁静。参与兴趣小组与社团活动，能让我们结识志同道合的朋友，共同分享快乐与成长。

综上，投资自己，是一场没有终点的旅程，它需要我们不断地学习、成长、探索和实践。把时间、金钱和精力投到个人成长上，进化为更好的自己，我们就能得到更好、更持久的回报。

3.3 创造被动收入：让你的钱替你打工

在现代社会，财富不仅是一种保障，更是一种武器。真正的财富，不是你赚了多少，而是你如何用这些钱为自己创造更多的价值。

被动收入的本质，就是让钱替你打工，而不是你永无止境地为钱奔波。它是一种更加智慧、更加高效的财务策略。

想象一下，今天你依然朝九晚五地在办公室工作，而你的钱却在默默地为你赚取收益。无论是股票市场的分红、房产的租金，还是知识产权的版税，这些收入源源不断地流入你的账户，而你并不需要为它们耗费额外的时间和精力。这就是被动收入的魅力。

首先，它是财务自由的必要条件。没有被动收入，你的生活将始终与工作捆绑，一旦失去工作，就可能陷入经济困境。其次，它是应对不确定性的可靠武器。无数经验显示，在经济下行时，多少人因裁员而瞬间失去经济来源？而那些有被动收入的人，却能在经济低谷中保持较高的生活质量。

财富的核心不是你能挣多少，而是当你停止工作时，是否还能继续生活得很好。

如何构建被动收入体系

结合自身的投资和理财经验,我给大家总结了以下两种建立被动收入体系的有效途径。

1. 投资金融资产

金融市场是建立被动收入的首选途径。长期来看,股市的年化收益率稳定在4%~8%,而基金定投则是普通人投资的最佳方式之一。假设你每月投资3000元于指数基金,按照年化收益8%计算,20年后你将积累超过150万元的财富,其中利息收入占总额的60%以上。这种复利效应,就像一个持续发力的引擎,为你的未来储备能源。

不过,单靠基金,涨幅还不够快,若能搭建起股权与基金的结合配置,复利效应将会更进一步显现。在这一策略上,我们可以参考耶鲁捐赠基金模式,通过"核心—卫星"策略布局,实现"进攻—保守"的完美组合。我们可做以下配置。

核心资产(60%):沪深300指数基金+标普500 ETF,利用跨市场分散降低波动。

卫星资产(40%):精选消费、医疗行业龙头股,分享经济转型红利。

实证数据显示,2010—2025年坚持定投偏股型基金的投资者,年化收益达9.8%,显著跑赢CPI(居民消费价格指数)。

不仅如此,保险与债券组合也是重要的收入保障。债券的收益率虽然低于股票,但其风险较小,适合保守型投资者,也是一种稳定的收入来源之一。一些优质的企业债券年化收益率是3%~5%,是退休人群的重要选择。最重要的是,若能建立起"保险杠杆+债券打底"的复合策略,用重疾险、医疗险构成"预防账户",通过年均2万元保费撬动百万级风险保障;同时配置5年期国债和AAA级企业债,就能很好地形成资产安全垫。例如,一名60岁退休教师,将200万元资产中的80万元配置养老年金保险,那么他就能实现70岁后每月固定领取1.2万元,完美对冲通胀风险。

另外,养老金与定期存款能作为养老配置的"保底账户"。定期存款和社保养老金以法律保障提供确定性现金流,其2%~4%的年化收益虽不高,但能有效抵御长寿风险,建议配置不低于总资产的30%。例如,300万元养老本金中,90万元配置大额存单可分3年阶梯存储,既保证每年30万元的应急流动性,又可享受逐年提升的利率收益。

总的来说,合理的资产配置能够帮助我们在不同的市场环境下实现财富的稳健增长与风险的有效控制。通过将金融资产、实物资产等多种资产类型进行有机结合,我们不仅能分享经济增长带来的红利,还能在市场波动中保持相对的稳定性,为我们的生活提供坚实的经济保障,让我们在面对未来时更加从容不迫,充分享受生活的美好。

2. 挖掘知识产权的潜力

当前,专利授权、数字资产等形成的被动收入正成为新趋势。对于我们普通人来说,若能提前10年布局技术沉淀,通过合理规划,既能控制风险,又能享受税收优惠。而让技能变现的最终形态,就是将你的智慧转化为长期收益。

如果你擅长写作、摄影、音乐创作或课程设计,知识产权收入将是你独一无二的被动收入来源。例如,一名自由职业作家,通过出版电子书,每月获得5000元的版税收入;一名摄影师上传作品到图库,别人每次下载,他都能获得收益;一名教育工作者录制线上课程,甚至能让课程内容在几年后继续带来可观的收入。

因此,多样化的被动收入是应对经济波动的重要手段。收入来源多元化的家庭,其抗风险能力是单一收入家庭的3倍以上。特别是在面临重大经济波动时,多样化的被动收入能够有效分散风险,确保家庭的财务稳定。

例如,赵先生是一名退休的中学校长。他在40岁时开始投资基金和房地产,同时撰写教育相关书籍并销售课程。退休后,他的每月被动收入达到了5万元,足够覆盖日常开支,还能继续投资。他说:"工作只是收入的一部分,被动收入才是我真正的安全感来源。"

总之,被动收入能让你在财富的舞台上,扮演导演,而不是演员。那么,如何从零开始,让自己的技能成功变为被动收入呢?

其实,被动收入并不难建立,但它需要时间和耐心。以下是一些关键步骤。

(1)设定目标:明确每月需要多少被动收入来覆盖生活开支。

（2）选择工具：根据风险承受能力，合理配置资产，比如低风险的债券、中风险的基金和高收益的股票。

（3）持续投入：坚持每月定额投资，利用复利效应让财富像滚雪球一样积累起来。

最重要的一点是，不要试图一夜暴富。任何承诺高回报、低风险的项目，背后都有可能藏着深坑。因为短期的诱惑是长期财富的敌人。

实操工具：计算你的被动收入目标

要实现被动收入的理想，首先需要明确一个具体的目标。以下是一个简单的计算公式：

$$被动收入目标 = 每月生活开支 \times 12 \div 年化收益率$$

举例来说，如果你每月需要1万元生活费，假设投资年化收益率为2%~5%，那么你需要投入的本金是：

$$1 \times 12 \div 2\% = 600 \text{万元}$$
$$1 \times 12 \div 3\% = 400 \text{万元}$$
$$1 \times 12 \div 5\% = 240 \text{万元}$$

这意味着，你需要在锁定年化收益率和支付生活费之间找到平衡，积累相应的投资本金，才能实现被动收入的目标。

长寿社会的本质是时间的延展，而时间的延展让每个人更需要稳定的现金流。当你手中的钱开始替你打工时，你会发现，人生的自由并不遥远。对于每一个想要在未来从容生活的人来说，被动收入，是你必须掌握的硬道理。

3.4 财富防守：赚钱重要，保钱更重要

人们总是谈论如何赚更多钱，却很少有人教你如何守住自己已经拥有的财富。

事实上，无论你赚了多少钱，如果没有做好"防守"，随时可能因为一场突如其来的危机而一无所有。

比起不停追逐更多的收入，"守住赚到的"才是稳固财务基础的关键。防守，是让财富稳步增长的根本，也是对抗生活不确定性的最佳武器。

张先生是一位40岁的企业中层，家庭年收入超过50万元，过着令人羡慕的生活。他和妻子为孩子选择了高端的国际学校，家里还刚添置了一辆豪华SUV，生活的每一处都充满了"成功"的标志。然而，意外来得毫无征兆。

一天，张先生的妻子突然被诊断出患有重疾，需要长期治疗。医生告诉他们，这场治疗可能需要花费几十万元，而后续的康复费用还会持续增加。问题是，他们并没有买任何健康险，也没有为此准备紧急备用金。面对巨额医疗账单，张先生不得不变卖家产，甚至贷款偿还费用。这场危机不仅击垮了他们的财务体系，还让整个家庭陷入深深的焦虑。

这一案例不是个例。类似张先生这样的家庭还有很多，当面对突如其来的危机时，整个家庭毫无防备，只会被打得措手不及。

而这一切的背后原因，都是"防守"思维的缺失。

因此，财富的流失在很多情况下都不是因为你赚得少，而是因为你守得不够好。对我们普通人来说，**赚钱是战术，守钱是战略**。

财富防守的三大工具

如果你想让财富"长久地留在你手中"，以下三大防守工具是不可或缺的基础。

1. 保险：财富的第一道防线

保险的本质，不是让你一夜暴富，而是让你在危机来临时，不至于一夜返贫。下面我们来看看目前市面上常见的三个险种，了解保险的防守作用。

健康险：覆盖重大疾病、住院治疗和日常医疗费用的保障。

寿险：为家庭主要经济支柱提供保障，确保万一发生意外，家庭的生活品质不会受到严重影响。

意外险：应对日常生活中的突发事件，例如交通事故、意外伤害等。

由上可知，保险的功能更多在于"防"，不仅能避免风险发生，更能避免风险毁掉你的人生！同时，保险也能保住你的钱袋子。

2024年10月18日，多家国有银行再次下调人民币存款挂牌利率，这也是2024年内第二次下调存款利率。财联社发布信息如下：

工行等三家国有银行已下调存款挂牌利率 一年期定期存款利率降至1.10%

财联社10月18日电，中国工商银行、中国建设银行、交通银行手机银行10月18日均已更新存款挂牌利率。其中，三个月期、半年、一年期、二年期、三年期、五年期定期存款挂牌利率均下调25BP至0.80%、1.00%、1.10%、1.20%、1.50%、1.55%。7天期通知存款利率下降25BP至0.45%，1天期通知存款利率下降5BP至0.10%。这是继7月后，时隔不到3个月大行再度下调存款利率，也将是自2022年9月以来大行第六次主动下调存款利率。

从各银行最新的利率情况来看，与6年前的存款利率相差了不止5%。

面对前所未有的低利率，我们怎么样做，才能让口袋里的钱保值增值不贬值呢？

财联社发布信达证券研报分析：在当前金融环境下，使得保本保收益的储蓄类保险需求持续增强，保险产品具有的"储蓄+保障"等属性仍具有吸引力。以增额终身寿险为代表的储蓄型保险产品热度上升，分红险、万能险成投资新宠，部分保险产品需要预约才能购买。兴业银行北京分行的投资顾问建议投资者，特别是一些偏保守型的投资者，还是要尽快去配置一些保险或者国债这一类资产。尽量选择期限长一些的，这样能够通过锁定一个中长期比较稳健的收益,来应对利率下行。

以前人们的投资首选是银行产品,现在利率下行,"存款搬家"现象突显。为什么这时候保险会受到那么多人的追捧呢?主要原因有下面四个。

第一,保险能锁定长期收益。从签订合同缴费期开始,保险公司要按照合同约定的利率,向投保人给付合同保障利益。而且这个利益写进合同后,终身不变。买保险,相当于锁定了和未来生命等长的长期收益。利益写进合同,受法律保护。

第二,兼具现金的灵活性。增额终身寿险有现金价值高,在急需用钱的时候,可灵活使用保单质押贷款的功能,或者采用减额缴清、减保等方式,获取一部分可临时支配的资金。手续比银行贷款简单,且利率与银行贷款相同。

第三,写进合同的复利。根据经济学原理,固定的收益率是会按照复利逐年递增的。复利在短期来看,优势不明显。但将期限拉长,你会发现,你拥有了一笔极为可观的资产。

第四,强制储蓄的功能。每年缴费,压力不大,可帮助我们强制储蓄,把钱花在该花的地方。

总之,在一波波降息潮的影响下,锁定利率显得格外重要。按照目前的趋势,利率可能还会持续下行,如果现在买了利率写进合同的保险产品,将来就可以吃利差,像日本的渡边太太们一样。

"渡边太太"一词来自日本。1989年,日本遭遇了一场罕见的金融灾难,陷入长期通胀,开启了"失去的30年"。1991年,日本平均年薪是3.78万美元,而30年后的2021年,其年薪也仅为3.97万美元,几乎没有增长。日本政府为了刺激经济增长、摆脱通缩困境，不断出台经济刺激政策。所以日本利率一降再降，甚至成为"低利率国家"。

然而，其他国家的存款利率却很高，不同的币种存在一定的"利率差"。日本的家庭妇女，即渡边太太们，想出了一个好主意创收：既然日本央行的利率那么低，那我们干脆就从日本的银行借来日元，再通过外汇市场，把日元变成美元、澳元这种高利率货币。只要计算妥当，那么美元的收益不仅可以覆盖日元的借贷成本，还能从中赚取一笔利率差。这样算下来，收入比单纯存银行要高得多。这被后世称为"套息交易"。

相较于渡边太太们的"套息交易"，保险的收益率虽然可能看似不如套息交易那样具有短期的高额回报，但其风险性却更低，更适合大多数寻求稳健增值的投资者。在当前的低利率环境下，通过配置保险产品，尤其是那些具有"储蓄+保障"双重属性的产品，如增额终身寿险、分红险和万能险等，可以有效锁住一个相对稳定的长期收益，保住我们的钱袋子。

2. 紧急备用金：应对不可预知的开支

紧急备用金是家庭财务中最基本却常被忽视的部分。它的作用是在收入中断或突发大额开销时，提供一个"缓冲垫"。它在关键时刻能迅速填补资金缺口，让我们不至于陷入困境。比如，当突发疾病或意外时，它能让我们及时获得医疗救治，而不必为费用发愁。同时，紧急备用金还能维持家庭的基本生活质量，确保在突发状况下，家庭的日常开销不受太大影响，让我们有足够的时间去寻找解决方案。

那么，我们又该如何配置紧急备用金呢？我的建议是做如下配置。

储备金额：3~6个月的日常生活开销。

存放方式：选择灵活性高、流动性好的金融工具，比如货币基金或银行活期存款。

总之，紧急备用金在关键时刻，可以给予我们更多的缓冲时间。没有紧急备用金的家庭，在面对突发状况时往往只能通过借贷、信用卡透支，甚至变卖资产来解决问题，而这些方式往往伴随着高额的利息和额外的财务压力。因此，我们一定要转变观念，不要误认为紧急备用金是"富人专属"，它实际上是每个家庭的"生存保障"，每个家庭都应该备上这样一份资金，以供不时之需。

3. 多元化投资：分散风险是最好的防守策略

财富防守的另一个重要原则，是避免将所有资产放在同一个篮子里。分散投资，既能对冲市场风险，又能确保在经济波动中维持财务稳定。

那么，如何分散投资呢？和前文中提到的投资组合策略不同的是，这种方式更多的是为了防守，因此，我们可以更多地从账户、地域、层级划分等方面入手，进行配置。具体配置可参考如下原则。

资产类别分散：在股票、债券、基金、房地产等多个资产类别中分配资金。

地域分散：适当配置海外资产，降低单一市场波动的影响。

风险分级：按照风险承受能力，将资产划分为高风险（股票、成长型基金）、中风险（REITs、混合基金）、低风险（年金险、债券）三层。

为什么在这里我要强调配置原则？我们需要明白的是，分散不是妥协，而是为未来增加更多选择权。一个成功的分散投资组合，既能为你提供被动收入，又能在危机时提供稳定性。

当然，财富防守不是口号，而是需要明确行动的计划。在熟悉配置原则后，接下来我们就可以通过以下三个切实可行的步骤来进行配置了。

（1）每月储蓄收入的20%，建立安全资金池。将收入的20%优先储蓄，用于紧急备用金和保险支出。如果当前收入不足以覆盖生活开支，应优先削减非必要开销，而不是推迟储蓄计划。

（2）优先配置保险，建立家庭风险防线。首先，配置健康险和意外险，确保家人不会因为医疗费用或意外事件而陷入经济困境。然后，定期审视保险计划，随着收入增长和家庭责任变化及时调整保额。

（3）检查资产流动性，确保随时可用。定期审查你的资产配置，确保其中至少30%的资金具备高流动性。避免将所有资金投入低流动性的资产，比如长期封闭型投资产品。

人生是不可预测的，我们无法完全预料未来会发生什么，但我们可以通过科学规划，降低风险对生活的冲击。防守并不是一种保守的态度，而是一种对生活负责的智慧。

稳住阵脚，你才有机会向前冲刺；守住财富，你才能真正实现自由。

3.5 保险金字塔：为舒适养老铺路

在上文中我们讲到了保险，也大致讲解了保险的益处。不过，在这里我想告诉大家的是，在保险行业从业这么多年，我深知，其实，保险并不完全等同于"保钱"，它甚至能为我们"赚钱"。为什么这么说？因为只要我们善于规划，搭配好各种"保险"工具，就一定能为我们的未来财富增值。

在本节中，我就来带大家认识一下什么是舒适养老"保险金字塔"，以及支撑起"保险金字塔"的相关险种情况。

什么是"保险金字塔"

在保险行业，我们都知道"保险金字塔"这一概念，它其实是一个比较形象的比喻，用来描述一个人或家庭在构建保险保障体系时应该遵循的层次结构。这个概念强调了不同类型保险产品的重要性和优先级，以确保个人或家庭在面临不同风险时能够得到适当的保护。在图3-1中，我们可以清晰地看到"保险金字塔"的一般构成。

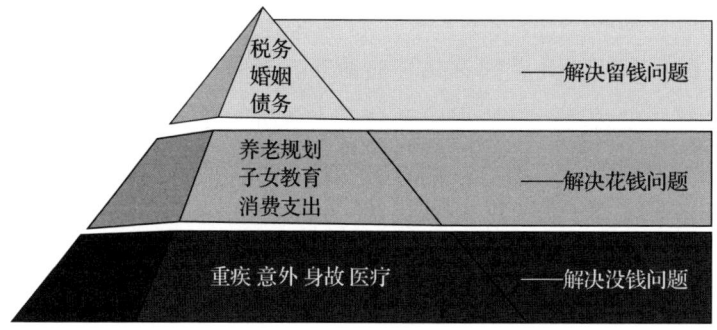

图 3-1 保险金字塔

"保险金字塔"一共分为三层,它将保险需求分为三个主要层次,每个层次针对不同类型的风险和需求。

1. 基础层(损失性风险层)

重疾(重大疾病):提供保障以应对重大疾病带来的经济压力。

意外:弥补因意外事故导致的伤残、收入中断或额外支出。

身故:提供丧失家庭经济支柱后的现金流补偿,保障家庭正常生活运转。

医疗:覆盖日常就医费用,减轻家庭医疗支出,保障就医品质。

这一层主要解决的是"没钱"的问题,即家庭财富的中断与外流。它关注的风险因子包括重疾、意外、身故和医疗。因此,这一阶段应该搭配的保险险种最好是重疾险、医疗险和意外险。

2. 中间层(支出性风险层)

养老规划:为退休后的生活提供经济保障。

子女教育:确保子女能够获得良好的教育。

消费支出：满足家庭的日常消费需求。

这一层解决的是"花钱"的问题，即满足阶段性开支的需求与愿望。它关注的风险因子包括子女教育、子女财富支持、养老和阶段大额开支。因此，这一阶段应该搭配的保险险种最好是储蓄险及寿险（包括定期寿险和终身寿险）。

3.顶层（所有权风险层）

税务：合理规划税务，减少税务负担。

婚姻：保护个人资产不受婚姻变动的影响。

债务：确保债务不会影响家庭财富的传承。

这一层解决的是"留钱"的问题，即解决财富私有化及定向传承。它关注的风险因子包括合理做税务筹划、防止婚变、资产隔离和财富定向传承。因此，这一阶段应该搭配的保险险种最好是寿险及保险金信托。

总体而言，"保险金字塔"遵循的理念是：个人或家庭在构建保险保障时，应该从基础层开始，确保最基本的风险得以规避，然后逐层向上，满足更高层次的需求和愿望。这样的结构有助于合理分配资源，确保当面对不同风险时，家庭的经济安全得到有效保护。

不同险种，不同保障

当前，保险在养老规划中的重要性日益凸显。恰当地选用保险险种，不仅能为我们在当前为个人和家庭提供经济保障，还能为我们的未来养老阶段减轻经济负担,提升生活质量。目前,市场上存在着多种保险险种,常见的险种见表3-1。

表3-1 常见的风险管理工具

分类		金融及法律功能
重大疾病险	雪中送炭	用较少的钱(保费),获得较大的确定的现金流(保额),解决因罹患重疾导致的收入损失;一次性按合同约定的保额给付保险金
医疗险	医疗基金	高端医疗:获取全球最高端的先进医疗资源,超高额度的品质医疗基金保障 中端医疗:中国境内公立医院国际部/特需的费用报销 百万医疗:社保之外的打底,公立二甲/三甲医院的住院医疗费用报销 防癌医疗:境内外肿瘤治疗,费用和资源解决方案
意外险	伤残保障	赔付因意外导致的身故、全残、伤残及医疗费用
储蓄险	现金流蓄水池	安全的、确定的、稳定的、源源不断的现金流 孩子:教育基金、婚嫁基金、创业基金 父母:养老基金、接班基金、税源隔离 资产:隔代投保或特定时刻更换投保人 遗产税规划:通过生前赠予,减少应税金额
定期寿险	便宜高保额	最少的保费,最大的保障
终身寿险	生命的IPO	生命无价,一旦生命流失,"保险金融"将一个人的生命价值资本化 定向传承:百年后财富确定地传承给指定受益人 净化资产:通过搭建保单架构,被保险人离世后,财富演化成到给受益人的无须缴纳遗产税,隔离被保险人债务的"焕然新生的资产" 流动性强:有现金价值,可贷款
保险金信托	家族财富传承	大额资金的保障、转移和传承,债务的相对隔离功能,财产税的豁免,复杂的传承安排:如隔代传承等

从表3-1中我们可以清晰地看到，目前，市面上常见的风险管理工具有重大疾病险（下称"重疾险"）、医疗险、意外险、储蓄险、寿险（分定期寿险和终身寿险）以及保险金信托，除去表中展示的金融及法律功能，在养老规划中，每一种工具都有其独特的功能与适用场景。

在规划未来养老时，重疾险可以作为我们重要的风险管理工具。因为一般来说，年老时，我们的身体机能将会下降，患重大疾病的风险也会增加。拥有一份重疾险，可以在疾病来临时，为我们提供及时的经济支持，确保治疗和生活不受影响。选取时，我们应关注其保障责任，包括其覆盖的疾病种类、给付条件和给付金额等，尤其确保所选产品能够满足自身的健康需求。

医疗险通常覆盖门诊、住院、手术、药品等多种医疗费用，为被保险人提供全面的医疗保障。随着年龄增长，我们的就医频率和费用必然会逐渐增加，到那时，医疗险可以有效地减轻我们的医疗费用负担，确保我们在需要医疗服务时能够得到及时、充分的保障。选取医疗险时，我们应关注保险的报销比例、报销范围和免赔额等条款，确保所选产品能够提供充足的医疗费用保障。

意外险通常覆盖交通意外、跌倒、溺水等多种意外伤害情形，为被保险人提供全面的意外保障。年老后，由于身体机能下降，行动不便，我们容易发生意外伤害，意外险可以为我们提供及时的经济支持，减轻家庭的经济负担。在选取意外险时，我们应关注保险的保障范围、给付条件和给付金额，确保所选产品能够覆盖常见的意外伤害风险。

储蓄险通常具有一定的现金价值，可以作为紧急资金或养老资金使用。在养老规划中，储蓄险可以作为稳健的养老储备工具。老年时期，它不仅能够为我们提供稳定的收益，在遇到紧急情况时，我们还能取出应急。选取储蓄险时，我们应关注保险的收益率、给付期限和给付方式，确保所选产品能够满足自身的养老需求。

寿险能够为被保险人提供生命价值的保障，确保家庭在失去主要经济支柱时能够获得经济支持。在养老规划中，寿险可以作为我们遗产规划的一部分，以便我们为后代提供经济保障。选取寿险时，我们应关注保险的保额、给付条件和给付方式，确保所选产品能够符合自身的遗产规划需求。

保险金信托是一种将保险和信托相结合的风险管理工具。被保险人将保险金委托给信托公司管理，信托公司按照被保险人的意愿进行投资运作，并将收益用于支付被保险人的养老费用或传承给后代。在养老规划中，保险金信托可以作为一种高效、灵活的资金管理工具。它不仅能够确保我们在养老期间获得稳定的收益，还可以作为财富传承的一种方式，确保保险金能够按照我们的意愿进行资金传承，实现财富的保值增值。选取保险金信托时，我们应关注信托公司的信誉、信托计划的灵活性和费用等方面，确保所选产品能够满足自身的财富传承需求。

以上就是对目前保险险种的概览，可以供我们大致了解每种险种有哪些用处，选取时需要注意哪些方面。而关于如何配置保险，在下文中我为大家展开详细讲解。

3.6 创造被动现金流,开启你的"长寿账单"

2020年的一个深夜,我第一次认真计算起自己的"长寿账单"。当Excel上显示"您需要850万元才能安心退休"时,我感觉喉咙发紧。

虽然那时候我的收入已经不低,但这个数字还是几乎震惊了我。不过也正是这个数字,让我开始重新思考:长寿时代,我们到底需要准备多少钱?更重要的是,如何让钱真正为我们工作?

管理学大师彼得·德鲁克(Peter F. Drucker)曾经说:"如果你无法衡量它,你就无法管理它。"如果将人生比作一场漫长的旅程,那么"长寿账单"就是你的通行证。它不仅关乎退休后的经济保障,更是你从容面对人生各种挑战的底气。

从月收入到被动现金流:打造你的"钱生钱"系统

前文曾提到,在长寿人生的规划中,现金流是关键,而被动现金流则是让你无须再依赖工资收入的重要工具。它是通过科学的资产配置,实现资金稳定增长和持续收益的核心手段。

前文已经提到过被动收入的获取途径,我们将通过对三大核心资产类别及其特点的分析,具体展开"金字塔"式的三阶段配置规划。

1. 股票与成长型基金(进取型资产)

年化收益率:6%~10%。

特点：长期增值、对抗通胀。

建议配置：30%~50%。

2. REITs和混合基金（稳健型资产）

年化收益率：4%~6%。

特点：稳定现金流、高流动性。

建议配置：20%~30%。

3. 债券与年金险（防守型资产）

年化收益率：2%~4%。

特点：低风险、固定收益。

建议配置：20%~40%。

下面我们以职场人小李的规划为例，探讨一下如何进行实操配置。

小李是一名35岁的职场人，目前月工资收入为15000元，被动收入为5000元，每月支出约15000元。他希望在63岁退休后，每月能有15000万元的被动收入来支撑生活。通过量化目标，他做了以下规划。

第一阶段（35~40岁）：

提高储蓄率至全部收入的25%，并开始定投股票和指数基金。每年储蓄约6万元。

第二阶段（41~50岁）：

转向资产分散配置，将部分资金投入REITs，确保现金流稳定。

第三阶段（51~63岁）：

优化资产结构，将股票比例降低，增加年金险和债券配置，确保退休后的固定现金流。

为了配合实操，小李还特地设置了一个清晰的现金流管理表（见表3-2），以实时追踪自己的规划进展。

表3-2 现金流管理表

月份	工资收入（元）	被动收入（元）	总收入（元）	总支出（元）	储蓄（元）
1月	15000	5000	20000	15000	5000
2月	15000	5000	20000	15000	5000

经过小李的计算，他预估到63岁时，自己累计的总资产将达到300万元，其中40%的收益来源于股票与基金的长期增长，其余则来自REITs和年金险的稳定回报。这份计划使他能从容应对退休后的各项开支。

需要特别说明的是，小李的个人风险承受能力较强，愿意在资产配置中承担一定的波动性风险，以争取更高的长期回报。25%的进取型资产的比例（如股票、基金等），是基于他的风险偏好设定的，并不适用于所有人。对于风险承受能力较低或稳健型的投资者，建议咨询专业顾问。

行动清单：开启你的长寿账单规划

通过上文，我们已经了解了如何为自己的未来养老打造好被动收入规划。总结来说，具体步骤如下。

（1）计算你的"安心数字"。

（2）制订月度储蓄计划。

（3）建立资产配置表。

（4）开始定投计划。

（5）建立现金流追踪系统。

记住,"长寿账单"不是一串冰冷的数字,而是你通往理想生活的路线图。通过科学的规划和持续的行动,你能真正掌控自己的财务命运,让钱为你工作,而不是你一直为钱工作。

正如我常说的："未来不是等来的,而是规划出来的。今天的每一个决定,都在塑造你明天的生活质量。"

现在,打开Excel,让我们开始规划你的"长寿账单"吧。

第 4 章
退休前的人生底气：打造财富安全网

4.1 全生命周期健康管理，你的"长寿底气"

我从一个保险业新手一步步成长为销冠，我有着自己身为保险代理人的一些坚持。记得我在自己的业内培训教材上对同行业内的保险代理人留下过这样一句寄语："保险代理人不是医生，但可以像医生一样救人性命，肩负使命。希望我们都能与健康同行。"

因此，我一直认为，保险代理人不仅仅是一个代销者，更是一个能为客户提供"全生命周期健康管理"的专家。

健康需求"巨变"催生健康管理体系

当今社会，健康作为人类永恒的追求，正经历着一场前所未有的"巨变"。随着社会经济的高速发展、生活方式的深刻变革以及人口老龄化的加速推进，传统的健康观念和服务模式已经难以满足人们日益增长的多元化、个性化的健康需求。这种需求的"巨变"，不仅体现在对疾病治疗技术的更高要求上，更体现在对健康预防、健康促进、健康管理等方面的全面觉醒和迫切期待上。

正是这股强大的需求动力，催生了健康管理体系的深刻变革与创新。人们开始意识到，健康并非孤立于生命的某个阶段，而是贯穿于从孕育到终老的全生命周期之中。因此，构建一个覆盖全人群、贯穿全生命周期的健康管理体系，是时代需求催生的结果，也是提升国民健康水平的关键举措。

"全生命周期"指人的生命从受精卵开始一直到生命的最后终止的完整过程，分为胎儿期、新生儿期、婴幼儿期、学龄前期、学龄期、青少年期、青春期、育龄期、更年期（绝经期）、老年期、临终期。

生命周期不同阶段健康状况的特点各异，但是每个时期都存在内在联系。既是生长发育积累的阶段，又是健康危险因素累积的过程，互相联系紧密，不能完全割裂。胎儿时期的母亲营养状况、子宫内的环境，婴儿出生体重、婴幼儿以及儿童期的营养状况、饮食习惯、身体活动、感染乃至青春期肥胖、吸烟、体力活动不足等因素，随着生命的逐渐延续，促成引起疾病的链条的推移和发展，最终导致成年后各种疾病的发生。

而"全生命周期"健康管理，是对个体或群体从胚胎到死亡全生命周期的健康，进行全面监测、分析评估、提供咨询和指导、对健康危险因素进行干预的全过程。图4-1为全生命周期健康管理体系。

它不是对生命周期各个阶段"平均用力"，而是根据不同群体的特点，在重点时期为重点人群提供健康干预，例如母婴保护计划、儿童营养计划、青少年健康促进、老人保健计划等。通过这

图 4-1　全生命周期健康管理体系

种方式，将健康管理的关口前移，精准降低健康损害的发生概率，力求实现少得病、少得大病、健康长寿的目标。

我们可以预见，未来的健康管理将从生命全程角度出发，实施全生命周期全程化无缝隙的管理，将保健模式与技术应用到全生命周期的防病治病之中，提升自我健康与健康干预的获得感，全方位、全周期护航全人类，尤其是妇女、儿童、老人群体的健康。

如何做好全生命周期健康管理

"全生命周期"健康管理改变了既往的、已经有痛苦感知后才给予实施干预（即治疗）的传统模式，未来将形成"监测与预防、诊断与治疗、康复与管理"新模式。

与此同时，我们也应该关注到，传统医学模式过度集中在治疗环节，导致社会综合成本高，个体生命质量不佳。从产业角度看，过度集中在治疗环节也会造成发展空间狭小、资源过度集中、低水平重复或高水平重复不断。

相较来看，立足于全人群生命周期的健康管理模式，是一种广覆盖、均衡化的健康干预和主动管理。从行业的角度来看，目前理想的方式是在心理、社会、医学模式上结合数字化技术。

第一，利用数据与医疗技术，将我们的人体生命体征数据进行持续监测、采集、留存，对全生命周期的数据加以挖掘与利用，整合细胞层面的修复与再生医学手段，精准化、个体化地开展动态健康干预，链接相关的资源、资金，实现"即时干预"。

第二，采用循证医学知识与机器学习算法支撑每个场景的产业升级，譬如利用临床路径提高治疗的有效性，通过数字健康处方使用户的依从性更高，通过对临床与支付数据的分析找到对患者更经济有效的治疗方案，通过社交网络数据尽早发现患者心理问题并进行极早干预，等等。

如今，行业已能通过全生命周期健康管理技术支持体系去突破现有的一些医学难题。

首先，较典型的应用是数字疗法。譬如对哮喘的治疗，数字疗法将手机软件作为主要干预方式，它经过了临床试验的验证，也经过监管机构的审批。通过数字疗法，患者平均用药使用率可下降75%。纵观整个行业，数字疗法也正在大规模地被研发。

其次，是电子药物。它是一种小型可植入人体的设备，通过编程的电刺激对神经信号传导进行调整，从而达到治疗部分疾病的效果。它本身也是利用疾病的特异性与疾病的全周期数据反过来采用数据去治疗疾病的一种方式，目前可专治一些传统治疗手法比较难治的疾病，譬如癫痫。目前的设备有很多，此前设备仅有数据监测功能，但边缘计算赋予了设备"一个大脑"，进而实现实时预警且准确率在不断提高。

如果从消费者与卫生机构的角度来看，"全生命周期"健康管理有以下三步。

第一步：收集健康信息。医院、基层卫生机构可通过调查、健康体检、周期性健康检查等方法，收集个人和群体在生活环境、专业特点、个人行为等方面可能存在的健康危险因素，并建立全流程的、完整的健康档案。

第二步：医院、基层卫生机构根据收集的个人和单位的健康信息，对个体或群体的健康状态进行专业的量化评估，发现疾病、损伤发生的可能性和规律，提出预防疾病、恢复健康的指导意见。

第三步：医疗卫生机构根据健康档案数据，预估个人可能存在的疾病危险因素，制订改善个人健康的管理计划，实施个性化的健康指导。个性化的健康管理计划应根据人群的年龄、生活习惯，制定综合体检方案、综合保健方案、健康教育方案、饮食及运动方案等。

随着医保改革的深入推进，从以治病为中心转向以健康为中心，消费者健康意识快速转变，个人支付意愿日益增强，商业保险覆盖率逐渐提升。

以目前的多家保险公司为例,随着人口老龄化程度不断加重,许多公司都在走向深耕寿险产业链、建设大健康生态体系的道路,坚定做大健康保险支付,布局医疗、养老等服务,以改变人们的生活,服务于长寿时代。比如,为老龄社区配备康复医院,开创"社区+医院"的康养医模式,为居民构建"急救—慢病管理—康复"三重防线,提供全方位、持续性的医疗健康服务。

当然,除了老年人群,青年群体或幼儿群体都可以借鉴这种思路。以全生命周期为主线,绘制从孕产期、0~6岁儿童、青少年、成人、老年人五个阶段的健康管理"鱼骨图",梳理出预防出生缺陷、儿童健康保健、学校青少年心理健康干预、职业人群健康管理、老年人健康管理等22个健康管理项目,通过项目管理的方式,分类分批分次做好健康维护和监测筛查评估工作。

实现健康与长寿实非易事,其核心在于观念转变。在历史长河中,每一代人皆未能充分预见人类寿命的延长,同样地,对于老年群体所能企及的健康状态展望,也常显保守。时至今日,多数人或许尚未为这即将来临的长寿时代做好充分准备。

当前,我们所拥有的健康资源体系,其焦点仍聚焦于疾病的即时治疗,未能全面拥抱"以增进健康为核心,贯穿生命全程"的服务理念,这种无差别化的治疗导向,无形中加剧了健康资源供给与个性化健康需求之间的巨大鸿沟。因此,为了提升我们的生命品质,我们不得不做好最为周全的准备。

在"全生命周期"健康管理理念的影响下,政府、保险公司甚至整个社会都在逐步调整,所以我认为,在个人层面,我们也要积极跟进时代发展，利用社会利好条件，规划好自己的"全生命周期"健康管理护城河。

在下文中，让我们一起深入探讨如何从各个角度全方位地构建起自己的"全生命周期"健康管理护城河。

4.2 退休规划："财务+健康"双管齐下

我们先来明确一个概念：退休规划模型究竟是什么？退休规划模型通常是指个人在退休前为保障老年退休生活所做的长期准备。这样的规划不仅有利于退休人员维持生活水准，从宏观角度来看，也有助于缓解社会保障体系的压力。那么，要使一个退休规划模型真正成形且在个人老年后发挥出切实的作用，这个"模型"应该具备哪些要素呢？

在详细解说这些要素之前，我们还得再弄明白一个目标——个人的退休目标。这个目标包括但不限于期望的退休年龄、退休后希望维持的生活水平、退休后是否需要接济子女或照顾孙辈、退休后是否要发展自己的兴趣爱好等。

之所以要明确退休生活的目标，是因为明确目标有助于我们量化所需的资金规模，为后续的规划提供方向。打个比方，假如某人希望自己能提前5年退休，并且准备在退休后开启旅游规划，那么这个人就必须加快积累财富的脚步，制订更加周全的退休规划。

财务规划

在退休规划模型中，首先要介绍的是财务规划。财务规划涉及养老金、储蓄和投资策略等。退休后，个人的收入水平一般呈下降趋势，而日常开销不会随之减少，反而会随着通货膨胀呈增长趋势，因此财务规划是保障退休生活的必要准备和手段。

财务规划的首要任务就是全面评估自身现有的财务状况，包括个人储蓄、投资、养老金、不动产以及负债情况等。通过评估，我们可以清晰地了解自己在退休前还有多少"余粮"可用，以及最重要的一点——根据自身情况，来适当调整自己当前的消费习惯和投资理财策略，并形成自己的财富积累计划。

在财务规划中，离退休人群必须百分百重视的是现金流，守住现金流才能守住平稳的退休生活。现金流的一般来源有储蓄、不动产出售后所得、企业年金等。我们应该按照三种用途，对现金流做好规划，这三种用途分别是生活开销的钱、保障应急的钱和理财投资的钱。

一是生活开销的钱，它一般用于日常开销，比如吃喝玩乐、购物消费、水电燃气、出行通信等。这些是维持生活所需、必须用流动资金才能支付的。

二是保障应急的钱，它是为了应对突发事件而预备的，比如家中有人突然生病治疗需要大笔医疗费用，或者突遭地震、洪水等自然灾害等，这部分资金就会起到巨大的作用。

三是理财投资的钱，它一般是没有特定用途的，通俗地讲就是用来"钱生钱"的钱。因此用于投资的钱的流动性往往随投资周期而变,没有固定的进出周期,更多地在安全性和营利性之间作取舍。另外,我们必须要明确一点——理财投资和养老投资是不一样的。最显著的一点差异是:理财投资的期限一般是中期或短期,优先保证流动性;养老投资往往更倾向于长期持有,优先保证稳定性、安全性和收益。这两类投资金额应该通过不同的账户进行管理,若混在一起,一方面可能导致账目混乱,另一方面可能会导致资金被中短期需求占用,最终难以真正实现有效的财务规划。

规划好这三种用途的钱及具体占比,有助于我们管理和规划家庭和个人的财务状况。根据马斯洛需求层次理论,我们对这三种钱的流动性排序应该是:生活开销的钱>保障应急的钱>理财投资的钱。

用于生活开销的钱永远是放在第一顺位的,只有满足了最基本的生存需求,我们才能追求更高的安全需求、社交需求、受尊重需求和自我实现的需求,不能本末倒置。

健康管理规划

在过去,人们普遍认为维护健康就是把病治好,只有在身体感受到疾病带来的痛苦时才会寻求医疗服务。现代社会,医疗水平逐渐提高,相关知识逐渐普及,人们开始认识到,在生活受疾病困扰之前,不健康的隐患早已埋下,疾病暴发只是此前多种叠加因素的必然结果而已。

那么,假如我们能够在疾病暴发之前,就将它消灭在萌芽状态，是否可以大幅度减少病症暴发后治疗的时间、精力和金钱？答案是肯定的。再转换一下思维，假如我们将病症暴发后用于治疗的时间、精力和金钱都投入前期预防工作，是否可以有效地减少身体所受的损伤，也能少占用医疗资源？这不论是从个人层面还是从社会层面来说，都是一件好事。

具体来看，处于不同年龄段的人所面对的影响健康的因素是不一样的，因此不同年龄段的人所应该采取的干预措施也有不同的侧重点。在一个完整的生命周期中，从胚胎期就开始实施健康干预，如医生会建议孕妇在孕期补充叶酸，减少胚胎神经管发育缺陷；建议孕妇定期做孕检，以减少畸形儿出生率等，这都是健康干预措施的具体体现。

说到这里，我们可以再谈谈全生命周期管理。怎么将全生命周期管理融入我们个人或家庭成员的管理上来呢？

由前文可知，全生命周期管理是一种全面、主动、细致且科学的健康管理理念，它覆盖了我们从婴幼儿到老年的每一个生命阶段。通过这种管理方式，我们可以更准确地识别和应对每个阶段的健康需求，并采取相应的健康管理措施。

比如，在婴幼儿时期，我们可能不能自理，这时我们的父母会关注对我们的科学喂养；到青少年时期，我们此时已经能够实现基本自理，这时，我们自身就要开始防范肥胖和近视等常见问题；进入青年时期后，我们往往因为体力达到最旺盛的阶段而忽视身体健康，但是正因为如此，我们更要规避长期熬夜、不健康饮食等不良生活习惯；进入中年时期后，我们要避免因工作压力大、应酬多而让身体处于亚健康状态；进入老年时期后，身体机能自然衰退，患上各种慢性病的可能性逐渐增加，这时候就应该通过体检加强预防，以防患于未然。

全生命周期管理工具可以让我们在面对自身健康状态时，能够以整体、关联、结构和动态的思维方式去观察和干预，着眼于各个年龄段，为我们的身体健康起到一个预防和保障的作用。

在我的职业生涯中，有两次重大事件彻底改变了我对健康与财富的理解。一次是我奶奶的癌症，一次是我自己的健康被敲响警钟。前者让我明白了保险的重要性，后者让我体会到高强度工作的代价。正是这些经历，让我重新定义了什么才是人生的真正保障。

我的奶奶因胰腺癌离世，这场疾病不仅带走了她的生命，也让我们全家经历了经济和情感上的双重打击。为了给奶奶争取最好的治疗，使用了进口药品，但由于医保不能报销，我们花了所有积蓄。那时候，我才意识到，如果我们早点为家人配置好健康险，或许奶奶可以在更舒适的条件下接受治疗，而我们也不会在经济上感到如此窘迫。

这段经历让我下定决心进入保险行业。因为我希望通过自己的专业，帮助更多家庭避免因疾病和意外而陷入财务困境。

这几年，我在事业上逐渐取得了不错的成绩，收入也显著提高。但随之而来的，是身体的警告。为了推广保险理念，养活自己的小团队，我几乎没日没夜地直播，每天面对屏幕数小时，熬夜成了家常便饭。虽然收入增长带来了成就感，但我的身体开始出现问题：免疫力下降、常常感到疲惫，甚至出现了胸闷和头晕的症状。

有一天，我在直播时突然感觉头晕目眩，不得不停下来。这一刻让我意识到，再丰厚的收入，也无法弥补健康的损失。如果连身体都垮了，事业的成功还有什么意义？

从那之后，我开始重新审视自己的生活方式和财务规划。保险不再只是我的工作，更是我为自己和家人建立的安全屏障。

第一步是为自己配置了高端医疗险和重疾险。这两种保险产品不仅覆盖了可能发生的重大疾病，也让我在面对健康问题时，有机会选择更优质的医疗资源。

第二步是调整自己的生活方式，把健康投资提上日程。通过这些改变，我的身体状况逐渐改善，工作效率也得到了提升。这让我更加确信，保险和健康管理是不可或缺的双重保障。保险不仅仅是对抗风险的工具，也是人生规划的基石。而健康，则是支撑这一切的根本。

我希望通过我的故事，提醒每一个人，健康和财富从来不是对立的，而是相辅相成的。无论你现在处于人生的哪个阶段，都应该为自己和家人构建一份全面的保障。由于家人也是我们在"保险金字塔"构建中需要考虑的要素，因此，若能保障好家人健康，也将助力我们进一步完善个人的退休规划模型。

4.3 保险选择：为未来增添安全屏障

保险，作为"财富防守武器"，其真正的力量就在于为人生的不确定性提供一份确定的保障。

创业者小李为了事业拼尽全力，终于积累了一定的财富，但一场突如其来的癌症诊断让他瞬间陷入困境。他没有健康保险，高昂的治疗费用迅速吞噬了他的存款，甚至让他背负了巨额债务。而与他形成对比的是他的朋友阿明，同样遇到重疾，但因为早早配置了充足的健康险，阿明的治疗费用大部分由保险公司承担，家庭经济状况没有受到明显冲击。保险在关键时刻的杠杆作用可见一斑。

由此可见，保险的核心在于分担风险，让可能导致财务崩溃的重大开支通过小额的保费提前锁定，变成可控的结果。

随着社会的进步和经济的发展，人们对风险的认识逐渐加深，保险逐渐成为现代家庭和个人防范风险的重要工具。然而，新的问题又出现了，买哪种保险？

我国的保险产品非常丰富，涵盖了人寿保险、健康保险、意外伤害保险、财产保险等多个领域，而每个领域内又有细分的险种。仅人寿保险就包括传统的定期寿险、终身寿险等产品，还推出了分红型、万能型、投资连结型等多种新型保险产品。对于刚接触保险的人而言，这些险种实在难以区分。

而各家保险公司为了吸引客户，又推出了各种优惠条件，例如保费折扣、首次购买优惠、续保优惠、组合购买优惠、积分兑换礼品、会员专享服务等。这些条件更是让人眼花缭乱，如果不明确自己的购买目标，就很容易被这些条件迷惑。

但买保险不是逛超市，需要考虑的不是性价比，而是适用性。保险是一种防患未然的机制，旨在用我们当前能够承担的小额费用，为未来可能遭遇的、难以独立承担的巨大财务风险提供有效的对冲与保障。

保险最大的风险是你购买的保障并没有给你带来预期的保障。你本来打算买个西瓜，结果发现买回来的是一个篮球。篮球也许比西瓜值钱，但并不是你需要的东西，你不需要的东西对你来说即使再贵也没有意义。所以在选择保险时，应先识别并评估我们个人或家庭所面临的最具威胁性的风险类型。

"未富先老"无疑是这个时代悬在每个人头上的一把巨刃，是我们当前可预测的、最具威胁的风险。倘若将这个风险进行再分解，摆在我们面前的就是健康问题以及财富问题。此时，我们可以先确定医疗险、重疾险、寿险、意外险和年金险这五大险种。

确定基础险种后，相当于列出了购物清单，还需要了解"商品"的核心性能，将其与我们的实际需求进行对照，才能找到适用性最高的"商品"。当我们想要迅速了解一款保险产品时，可以从以下四个要素入手。

要素一：保什么内容

首要任务就是了解该保险"保什么内容"，也就是保险合同所明确规定的、保险公司对被保险人可能遭遇的风险或损失所承担的责任范围。

不同类型的保险的保障范围也不同。

医疗保险分为基本医疗保险和商业医疗保险。当参险人面临疾病或者意外伤害需要就医时，基本医疗保险可以报销一部分金额。但是基本医疗保险的覆盖范围有限,需要商业医疗保险进行补充(见表4-1)。

表4-1 基本医疗保险和商业医疗保险的保障范围

项目	保障范围
基本医疗保险	覆盖大部分基础医疗开销,如普通门诊、住院、基本药物费用等
商业医疗保险	药、特需医疗服务、高端检查项目、高额住院费用等

重疾险就是重大疾病保险,顾名思义,当被保险人罹患表4-2中列出的疾病时,保险公司根据保险合同约定支付保险金(《重大疾病保险的疾病定义使用范围(2020年修订版)》对疾病的条件做出了具体的规定)。除此之外,通常还包括轻症、中症等多层级疾病责任范围,具体保障内容以保险合同条款为准。

表4-2 重疾险保障的疾病范围

序号	重疾险保障的疾病范围
1	恶性肿瘤——重度
2	较重急性心肌梗死
3	严重脑中风后遗症
4	重大器官移植术或造血干细胞移植术
5	冠状动脉搭桥术(或称冠状动脉旁路移植术)
6	严重慢性肾衰竭
7	多个肢体缺失
8	急性重症肝炎或亚急性重症肝炎

(续)

序号	重疾险保障的疾病范围
9	严重非恶性颅内肿瘤
10	严重慢性肝衰竭
11	严重脑炎后遗症或严重脑膜炎后遗症
12	深度昏迷
13	双耳失聪
14	双目失明
15	瘫痪
16	心脏瓣膜手术
17	严重阿尔茨海默病
18	严重脑损伤
19	严重原发性帕金森病
20	严重Ⅲ度烧伤
21	严重特发性肺动脉高压
22	严重运动神经元病
23	语言能力丧失
24	重型再生障碍性贫血
25	主动脉手术
26	严重慢性呼吸衰竭
27	严重克罗恩病
28	严重溃疡性结肠炎

很多人可能会疑惑，买了医疗险，还需要买重疾险吗？答案是要买。因为商业医疗保险主要覆盖因为疾病或者意外伤害导致的医疗费用，而重疾险的保障范围更有针对性。医疗险解决医疗费用问题，确保"看得起病"；而重疾险则提供经济支持，确保在遭遇重大疾病时能够"活得好"。

寿险是一种比较特殊的险种，它保障的是人的生死。在保险责任期内，被保险人无论是生存还是死亡，保险人都会根据契约规定给付保险金。比较常见的寿险有终身寿险和定期寿险两种（见表4-3）。

表4-3 终身寿险和定期寿险的保障范围

项目	保障范围
终身寿险	被保险人的终身，无论何时死亡或全残（通常包含自然死亡、意外死亡等）
定期寿险	在合同约定的保险期间内，如果被保险人死亡或全残

意外险的全称是意外伤害保险，当被保险人因意外伤害造成死亡或者残疾时（如交通事故、跌倒摔伤、被宠物咬伤、运动受伤等），保险人将按照契约给付保险金。有些公司也会给员工购置意外险，确保员工上下班期间的安全。现在，很多人在旅游或者出行的过程中，也会选择给自己购买一份短期意外险，以应对一些突发情况。

前文曾提到，年金制度是我国养老保障的第二支柱，但是，目前年金的覆盖率并不高，很多人会将"年金险"和"年金"混为一谈，认为必须由公司牵头，才能缴纳"年金险"。

其实,"年金险"是保险公司推出的一种保险产品,它属于商业保险范畴,与个人是否在公司参与企业年金计划无关。年金保险是指投保人或被保险人一次或按期交保险费,保险人以被保险人生存为条件,按年、半年、季或月给付保险金,直至被保险人死亡或保险合同期满。

要素二:保多长时间

多数人对保险的态度是"用不上最好""求个心安",购置完保险产品后就将其搁置在脑后,需要使用的时候才会想起来。持这种态度导致很多人在需要理赔时,才发现保险过期了。下文中的李先生就碰到了这种情况。

2024年初,李先生为他的私家车购买了一份车险,原本计划在保险到期前进行续保,但由于工作繁忙和个人疏忽,他忘记了这一事项。2025年2月的一个周末,李先生驾车外出时不幸与另一辆车发生了碰撞事故,造成双方车辆不同程度的损坏。事故发生后,李先生立即联系了保险公司准备报案理赔,但在查询保单时惊讶地发现车险已经过期近一个月。

车险的理赔前提通常是车辆在事故发生时处于有效保险期内。一旦保险过期,即使事故发生在"应该"有保险覆盖的时间段内,保险公司也有权拒绝赔付。所以大家在购买保险产品时一定要注意,到底可以保多长时间。在购买保险产品时,可以直接向销售人员询问。意外险和医疗险大多是一年期的短期产品,因为这类产品的价格受到医疗费用的变动和意外发生率的影响,理赔情况每年都会波动。

在此还要提醒大家注意保险的理赔时间,根据《中华人民共和国保险法》第二十六条规定:人寿保险以外的其他保险的被保险人或者受益人,向保险人请求赔偿或者给付保险金的诉讼时效期间为二年,自其知道或者应当知道保险事故发生之日起计算。人寿保险的被保险人或者受益人向保险人请求给付保险金的诉讼时效期间为五年,自其知道或者应当知道保险事故发生之日起计算。

要素三:交多少保费

保险和社保虽然都是通过经济投入的方式,为人们提供某种形式的保障。但社保每期缴纳的金额都在既定政策框架内基本固定,而保险的保费受到多种因素的影响,更为灵活。保费水平不仅可能因投保人的个人情况(如年龄、性别、健康状况、职业风险等)而异,还会受到所选择的保障额度、保障范围及保险条款等多种因素的影响。

以重疾险为例,年龄越大患有重疾的概率就越高,因此重疾险越早买越便宜。表4-4为某保险公司推出的重疾险产品报价。被保险人的年龄越大,保费就会越贵,很多保险公司甚至不向老年人出售重疾险。

表 4-4 某保险公司的重疾险产品报价

男性		女性	
投保年龄	每年保费	投保年龄	每年保费
0 岁	5350 元	0 岁	5050 元
25 岁	8000 元	25 岁	7500 元
30 岁	16500 元	30 岁	15950 元

要素四：赔多少额度

理赔后可以获得多少保额，这是所有购买保险产品的人都关心的问题。

目前比较常见的商业医疗保险是"百万医疗险"，免赔额都在 1 万元左右，即必须超过这个额度才能报销；最高报销额度则取决于具体的保险合同条款和投保人支付的金额，如果是中高端医疗产品，保额甚至上千万元。

重疾险的保额是以 10 万元为标准递增的，很多购买者出于谨慎的态度，会选择最低档位的保险。因此，大多数保险公司每件重疾险的平均理赔额，都不超过 10 万元，有的公司甚至只有 5 万~6 万元。

目前市面上的意外险，大多是消费型保险，在保险内如果没有出险，是不会将保费返还的。

年金险则与养老险保险相同，会在我们退休后发放。发放的周期不定，月、季、年都有，要根据保险产品自身的规定来领取。

如果我们购买了年金险，投保金额越多，后期能够领到的保额就越多。

通过这四个要素，我们就能分辨不同保险产品的核心特点和优势，进而制定出既符合个人需求，又具备成本效益的保险方案。

科学配置保险操作指南

普通人如何科学配置保险？简单来说，可以根据以下步骤进行配置。

（1）明确需求：每个家庭的保障需求不同。可以按照家庭成员的年龄、健康状况、职业风险等因素制定个性化的保险清单。例如，年轻人的首要任务是为家庭的经济支柱配置寿险和重疾险，而老年人则更需要关注高端医疗险和长期护理险。

（2）计算保额：保额的确定应覆盖家庭的核心需求，包括医疗费用、子女教育、房贷等。例如，如果一个家庭的房贷余额为100万元，子女教育费用预计需50万元，那么家庭的经济支柱的寿险保额至少应覆盖这些核心支出。

（3）定期调整：随着生活阶段的变化，保险需求也会发生改变。例如，孩子成年后，教育费用不再是家庭的主要负担，这时可以适当减少寿险保额，增加养老保险的投入。

保险不是一份简单的金融产品，而是一份对家庭责任的体现。它在风险来临时为你和你的家人提供最后一道防线，让你的人生拥有更多的底气。

接下来,我将通过几则实操案例,来为大家展示如何做好保险配置。

案例一:年轻小家庭的保险配置

小张夫妇都是30岁左右,有一个5岁的孩子。家庭年收入30万元,房贷余额100万元,孩子教育预计需50万元。

(1)需求分析:小张夫妇是家庭的经济支柱,需要重点保障。孩子年幼,教育费用是重要支出。

(2)保额计算:小张夫妇的寿险保额需覆盖房贷、子女教育费用等,至少150万元。重疾险保额可按50万元配置,以应对重大疾病风险。

(3)具体配置:

- 小张夫妇分别购买150万元保额的定期寿险,保障期限至60岁,年保费约每人3000元左右。
- 重疾险选择50万元保额,额度为个人收入的5~10倍,或者收入的10%(且需要区分小张夫妇身体潜在风险和遗传风险谁更高,额度更倾向于谁做足额),年保费1万~2万元。
- 为孩子购买30万元保额的重疾险,保障期限至成年,年保费约1000元左右。
- 配置百万医疗险,年保费约每人1000元左右,以应对高额医疗费用。

（4）定期调整：随着孩子长大，教育费用支出减少，可适当降低寿险保额，增加养老保险的投入。

案例二：老年家庭的保险配置

老王夫妇，一个60岁、一个58岁，已退休，有一名30岁的儿子。家庭有150万元的积蓄，无房贷压力。

（1）需求分析：老王夫妇年龄较大，健康状况逐渐下降，需重点关注医疗保障和养老规划。

（2）保额计算：主要考虑医疗费用和养老生活费用。医疗费用保额可按100万元配置，养老生活费用可通过养老保险进行规划。

（3）具体配置：

- 购买高端医疗险，保额100万元，年保费约每人5000元，以应对可能出现的高额医疗费用。
- 配置防癌险，保额30万元，年保费约每人2000元，专门针对癌症风险提供保障。
- 购买养老保险，每月领取一定金额的养老金，保障退休后的生活质量，年保费约每人5万元并锁定养老资源。
- 可适当配置一些意外险，保额20万元，年保费约每人1000元，以应对日常生活中可能发生的意外风险。

（4）定期调整：根据身体状况和家庭财务状况的变化，适时调整保险配置，如增加或减少保额、优化保险组合，确保保障的充分性和有效性。

以上案例仅供参考。由于部分保险属于一案一议,每个家庭状况不同,在实际配置时,我们需要根据个人和家庭的具体情况进行调整。

4.4 提前布局,用杠杆放大财富

保险最大的魅力在于它的杠杆效应。与需要巨额储蓄才能应对风险相比,保险可以用少量的投入获得巨大的保障。例如,一份50万元保额的重疾险,年保费仅需几千元。对于普通家庭而言,这种以小博大的方式是构建财富安全网的最佳选择。

本节将从多个维度深入探讨如何以小博大,构建起财富安全网,包括理解保险杠杆原理、优化投保策略等方面,为读者提供一套全面而实用的指导方案。

以小博大:理解保险杠杆原理

保险的本质是一种风险转移机制,它通过集合多数人的力量来分担少数人的损失。在这一过程中,保险杠杆原理发挥了核心作用。简而言之,保险杠杆是指投保人通过支付相对较小的保费,获得远大于保费的保险赔付额度,从而实现风险的有效转移和放大保障效果。

保费是投保人支付给保险公司的费用,用于换取保险公司提供的风险保障服务;保额则是保险合同中约定的,在保险事故发生时,保险公司应向受益人支付的赔偿金额。保险杠杆效应体现在保额远大于保费上,这是保险作为一种金融工具独具魅力的体现。

保险公司通过收取保费,建立庞大的保险基金池,用于未来可能发生的赔付。当某一投保人遭遇保险事故时,保险公司会从基金池中提取资金进行赔付,从而实现了风险的共担和损失的补偿。这种机制使得个人能够以较小的成本,获得较大的安全保障。

我们在选择保险产品时,可以根据自身的实际需求和风险承受能力,精准定位,选择那些能够以较小保费撬动较大保额的险种。

用寿险保障家庭核心劳动力

首先要提到的是寿险。可能在很多读者的印象中,寿险是一种比较"鸡肋"的险种——寿险的保险责任是被保人的死亡。如果个人给自己买一份寿险,则需要在自己死亡之后才能赔付,这种产品就变得不太容易被人们接受了。

换个角度来看,对许多由"4位老人+夫妻2人+2个小孩"组成的家庭来说,一旦家庭顶梁柱意外身故,给家庭带来的将是毁灭性的打击——青壮年劳动力的死亡,留下的老人和小孩也有极大可能随之陷入艰难生存的境地。为避免出现这种情况,寿险就成了有效的保障手段。

寿险一般分为终身寿险与定期寿险。由于人类最终必将走向死亡的结局,终身寿险只要一买,保险公司早晚有一天必定赔付,因此购买这一保险的保费极其高昂,对于个人来说性价比实在不高。相比之下,定期寿险则显得更划算。

定期寿险通常是在保险合同约定的期间内,如果被保险人死亡或全残，保险公司按照约定的保险金额给付保额。保障时限通常在20~30年，不过也可以由个人自行选择。定期寿险的好处也比终身寿险更明显。它的保费较低而保额较高，适合家庭经济支柱在特定时期，如贷款偿还期或子女教育期内，为其提供生命赔付保障。

以一位30岁的女士为例，若要购买保至60岁的100万保额的定期寿险，每年需要交保费2100元；若时限提到70岁，每年需要交保费3500元；如果是终身寿险，则每年需要交保费10500元。从这组对比数据来看，对于预算有限的人而言，定期寿险是更合适的选择。

但对于更多希望在未来实现财富积累和家族传承的人而言，返还型的终身寿险则是更具全局价值的保障工具。

返还型终身寿险与定期寿险最大的不同，在于它不仅仅是"用掉就没有"的保障，而是以"终身保障"为前提，叠加了可观的现金价值积累和灵活使用的财务功能。它不受保障期限限制，保单一旦生效，伴随终身；在保额之上，逐步累积的现金价值，还能在关键时刻支取，成为家庭财富的第二道安全防线。

更重要的是，终身寿险能让保障与财富传承无缝衔接。它在生前提供抵御风险的安全网，亦在身后以确定的方式实现家族资产的定向传承，避免了传统遗产分割的矛盾和风险。无论是为自己的人生做规划，还是为家族资产的长远布局，返还型终身寿险都能以独特的财务杠杆效应，让每一分投入更有力、更持久。寿险，最终是定向传承的护城河。

对于家庭顶梁柱来说，不论是定期寿险还是终身寿险，都是以自身为投保人，同时也是被保人，保障的是家庭中的核心劳动人口。那么，家庭中的老人和小孩呢？他们就不需要保障吗？答案当然是否定的。

用重疾险和医疗险规避因病返贫

老人和小孩固然不是劳动主力，但也可能遭受病痛的侵扰，这时候就轮到重疾险和医疗险来发挥作用了。

重疾险，在前面提到过，就是以被保险人患有恶性肿瘤、较重急性心肌梗死等特定重大疾病为标的，由保险公司给予相应赔付的商业保险。我们在听到这个险种的时候是否会下意识地庆幸——既然还有这种好东西，那等我老了之后再买也行啊——若你有这种想法，趁早转变思维！

由于老年人患重大疾病的概率非常高，向老年人出售重疾险对于保险公司来说显然是不划算的，因此保险公司一般不向老年人出售重疾险。因此，想要购买重疾险，就要在合适的年龄趁早下手：一方面，能够尽早为老年生活买到一份保障；另一方面，能够以更理想的价格买到，从某种程度上来说也是一种省钱。

说到这里，我们可能又会产生新的问题了——什么样的疾病才能被称为重大疾病呢？在中国保险行业协会与中国医师协会联合发布的《重大疾病保险的疾病定义使用规范（2020年修订版）》

中，共列出了28种类，具体可见表4-2。

不论是从储备养老金的角度来看，还是从保障退休后的养老生活的角度来看，人们一旦罹患表4-2中的任何一种疾病，都会对正常的工作和生活造成巨大的影响。而重疾险可以在这种意外情况发生的时候，起到重要的经济补偿作用，降低重大疾病造成的影响，因此，重疾险是非常实用且有必要的保险。

当前，保险公司为了吸引客户，给重疾险附加了一些其他的功能，如身故赔付、轻症赔付、中症赔付。其中身故赔付是指当被保人身故时，保险公司赔付全部保额；轻症和中症赔付则是扩大了重疾险的保障范围。不过，需要注意的是，可获赔付的轻症种类并不是越多越好，而是覆盖到越多发病率高的轻症越好、赔付的比例越高越好。

前面已经说到，老年群体是很难购买到重疾险的，因此，我们一旦决定购买重疾险，就一定要在年轻的时候投保。在这里，我们需要注意的是，在购买重疾险时仍然要以家庭中的核心劳动力为重心，优先保障劳动力的医疗安全。

由于保险行业的规律，同龄的男性会比女性的保费高出不少，这主要是因为男性患各类疾病的平均发病率要比女性高，且男性的平均预期寿命比女性低，与之相对应的是，男性所能获得的赔付也会更多。此外，还存在同性别内年龄越大者保费越高等规律。因此，重疾险越早购买，性价比就越高。

不过，尽管重疾险的优点非常显著，我们在购买的时候也不能盲目地投入巨额资金，而是应该根据重疾额度计算公式、家庭收入（含父母收入）、自身的风险意识来综合配置保额。我们必须知道的重疾额度计算公式为：

重疾额度＝年收入5倍（常规）
重疾额度＝年收入×10倍（意识高）

而我们的重疾投入资金计算公式则为：

重疾投入资金＝年收入×10%（常规）
重疾投入资金＝年收入×20%（风险意识高）

举个例子，29岁的刘女士年收入是10万元，那么，按照5倍的保额收入比来算，她若想购买一款重疾险，就比较适合购买保额为50万元的保险，每年所需要交的保费控制在总收入的10%以内，并不会对生活产生太大的影响，同时还能为自己增加一份重量级的医疗保障。

通过上述内容我们不难看出，重疾险的巨大杠杆作用，它能挽回收入损失，解决康复、最新医疗技术、房贷、5~10年花销的问题。不过，这能代表我们在医疗保障方面完全放心了吗？要知道，在人类与大自然做斗争的时光中，人类碰到过的疾病种类可远远不止前文重疾险保障范围内的那些——那么，假设我们罹患了重疾险保障范围之外的疾病，是否也能通过相应的保险手段来使自己获得医疗保障呢？当然是有的——这就是医疗保险。

如果说重疾险像包干制，那么医疗险就像实报实销制——重疾险只要被保人确诊罹患了保险合同内规定的疾病，保险公司就会进行一次性赔付；而医疗险则需要被保人在就诊时先行垫付医药费，再凭发票实报实销。

在我国，医疗险分为基本医疗保险和商业医疗保险。其中基本医疗保险是由我们缴纳的五险一金所带来的，能够覆盖一部分医疗开销，但是很多进口药、特需号等并不在基本医疗保险的报销范围内。此外，基本医疗保险的额度往往不足以覆盖高额的住院和手术等费用，这时候就需要商业保险来补充这一块的空缺。

目前比较常见的医疗保险是百万医疗险，能够覆盖各类医疗所需。不过，这类保险通常有一个免赔额度，若被保人每年的医疗开支在这个额度内，则保险公司不进行赔付。而且，百万医疗险通常是消费性保险，40岁以下的年轻人保费一般在几百元，总报销额度就可以达到100万~400万元，足以覆盖被保人应对不同疾病所需的医疗费用。

医疗险与重疾险的作用有所不同。医疗险专门报销治疗费用，帮我们解决生病住院的高额费用，是治病时的及时雨；而重疾险则是一次性赔付现金，无论治疗花了多少钱，它都能立刻提供一笔可自由支配的资金，帮助家庭稳定生活，补贴收入损失。有病可医，无病亦安。因此，若有条件，最好是同时购买两种保险。

用意外险预防破坏性损耗

意外险的全称是意外伤害险，是以被保人因遭受意外伤害造成死亡、残疾为给付保额条件的人身保险。意外险通常包括消费型意外险和返还型意外险，消费型意外险交纳保费后不会返还，返还型意外险在保险期结束时会返还保费。

大多数意外险的保险期时长在一年以内，与保险期短相对应的是保费也比较低——保费100元左右的意外险一般会包括100万元左右的航空意外、20万元左右的意外身故及伤残、15万元左右的交通工具意外赔付额度——意外险之所以便宜，是因为出现概率比较小。如果个人觉得额度不够，还可以重复购买多份，可以实现强大的杠杆效应。

对于我们普通人来说，意外险能够保障上下班和差旅期间的安全，而且还能作为前面提到的几种保险的补充，以非常便宜的保费获得有效的出行保障。

优化投保策略，提升保障效率

在确定了合适的保险产品后，还需要通过优化投保策略来进一步提高保障效率，确保保费都能发挥出最大的作用。

首先，要合理规划保额。保额的选择应基于个人或家庭的经济状况、负债情况、收入水平以及未来预期等因素进行综合考虑，既要避免保额不足导致保障不充分，又要防止保额过高造成不必要的保费支出。

在预算有限的情况下，我们可以考虑将有限的保费分散投入到多个险种中，以实现全面覆盖；同时，对于家庭中的主要经济支柱或高风险领域，如健康、意外等，应适当提高保额，实现集中保障。

其次，要定期审视与调整保险规划。随着个人或家庭收入增加、负债减少、健康状况改善等变化，应及时审视和调整保险计划，确保保障水平与实际情况相匹配。

除了传统的保险产品，还可以联动金融工具与保险一起来进一步增强保险杠杆效应，实现更高效的资金配置和风险管理。

比如我们在急用钱但现金流周转不开的时候，可以选择保险贷款与质押——部分保险公司提供保险贷款服务，允许投保人将保单作为质押物申请贷款。虽然这并非直接提升保额的方式，但可以在急需资金时提供应急支持，间接增强了保单的实用性。

此外，我们也可以将保险与投资结合起来。如分红险、万能险等险种就集保险保障与投资功能于一体。通过合理的资产配置和长期持有，投保人不仅能获得保险保障，还能享受投资收益带来的增值效应。然而，需要注意的是，这类产品的复杂性较高且费用较多，需谨慎选择。

我们还可以利用税收优惠，如个人所得税抵扣等，在一定程度上降低保险成本，提高保险杠杆效应。

最后，我们绝对不能忽视的一点是要培养良好的风险管理意识。我们需要知道，保险只是风险管理的一种手段而非全部——个人及家庭成员都需要增强安全意识，降低意外事故的发生概率。

保险是我们到了不得已的情况时，为我们展开最后一道屏障的坚实后盾。除了上文提到的具有强大的杠杆效应的寿险、重疾险、医疗险、意外险之外，其实还有年金险、养老保险等同为人身险的险种，以及对我们的财产起到保障作用的财产险。这些保险看起来种类虽多，不过都有一个共同点——同样具有杠杆效应，能以较低的保费撬动巨大的保额，以防我们在人生重要节点发生意外、遭受伤害或遭受财产损失时求助无门，值得我们认真考虑和规划起来。

4.5 不传承的财富 = 无用的资产

财富的积累,是许多人一生的奋斗目标。然而,在这条追求财富的路上,很多人忽视了财富的传承问题。没有传承的财富注定会面临消失,导致家族财富的"断代"。

跨代财务规划听起来好像离我们很远,实际上它与家庭中的每个人都息息相关,不论是家中处于青壮年时期的家庭经济支柱,还是即将面临退休或已经退休的老年人,甚至是家庭成员中最小的孩子,都会受到跨代财务规划的影响。

环顾我们身边的案例,不乏因财富传承失败而导致家族陷入困境的惨痛故事。曾经有一家颇具规模的家族企业,在创始人离世后,由于未留下清晰明确的传承规划,子女们瞬间陷入了激烈的争产漩涡。亲情在利益的纷争面前变得脆弱不堪,企业内部也因权力的争夺而陷入混乱,原本蓬勃发展的业务被迫停滞不前,市场份额逐渐被竞争对手蚕食。短短几年间,这家曾经辉煌一时的企业便在市场上销声匿迹,家族财富也如过眼云烟般消散殆尽。这样的例子犹如沉重的警钟,时刻提醒着我们财富传承的重要性不容小觑。

而跨代财务规划作为财务管理的一个新兴概念,旨在跨越不同代际,实现财务资源的有效配置与传承,确保家庭财富的长期可持续发展。家庭中的跨代财务规划方法主要包括赠与、立遗嘱、保险金信托、家族信托、家族办公室、家族基金会等。

懂赠与：避免纠纷，提高确定性

在财富传承中，最简单和确定的方式就是赠与。赠与是指赠与人将自己的财产给予受赠人，受赠人表示接受的一种行为。这种行为的实质是财产所有权的转移，也是个人在活着的时候转移财富最常见且最简单的做法。

如果我们手中有一些财富想要传给指定的人选，同时又不想让其他人知道，或者担心在身后传承时存在不确定性或者纠纷，那么，在生前完成赠与行为将是一个不错的选择。这种财富传承方式的确定性非常高，流程简便，还有税费优势。

赠与人可以通过转账、过户等方式，分别将现金、房产等财产赠与子女或其他自然人、机构甚至国家。从传承的角度来看，赠与使得该笔财产不会成为遗产，而是在自己状态非常好的时候，就已经按照个人意志实现了财产所有权的转移，很好地实现了财富转移时的保密性，减少了未来可能发生的财产纠纷。

在整个赠与行为的过程中，需要注意以下几个要点。

一，赠与人应当具备完全的民事行为能力，清楚并了解赠与是自己的真实意思表示。同时，赠与行为必须是双方的真实意思表示，即当赠与人愿意赠与，而受赠人不愿意接受时，则赠与不成立。

二，赠与行为是合同行为，赠与行为一般要通过法律程序来完成，即签订赠与合同。一旦双方签订合同，赠与行为即告成立，对双方都具有约束力。

三，赠与人所赠与的财产必须是合法所得且必须是具体的财产。在赠与行为中，赠与人所赠与的财物必须是自己的合法所得，且赠与的财物要明确、具体，在赠与合同里要写明赠与的是房屋、汽车还是现金等。若赠与人所赠财物是非法所得，则赠与合同和赠与行为无效。

四，赠与行为不能出于恶意目的。如果赠与行为是为了逃避自己所应履行的法定义务，则将来利害关系人主张权利时，该赠与合同与赠与行为无效。最具有代表性的例子是以防为了躲避债务而进行的赠与行为，会被法律认定为恶意转移资产，继而判定该赠与行为无效。

五，赠与合同中可以附条件。这种情况适用于赠与人在赠与时想要保留收回对财物的控制权的机会，可以使用有附加条件的赠与；而受赠人若接受赠与，则应当按照约定履行附加条件。

六，赠与人应该为自己留足生活所需的财产，不仅要确保赠与后仍然能维持当前的生活水准，还要充分考虑到如何应对未来可能发生的疾病、意外等风险，并做好充分的财产保障。

七，赠与人应当根据赠与财物的实际价值进行赠与，不得虚报或低报财物的价值，不得侵害受赠人的合法权益。

八，赠与的证据和记录需要妥善保存，包括且不限于赠与协议、赠与的财物清单、交易记录等。签订的赠与协议内应当明确双方的权利和义务，并避免存在任何未经双方协商确认的附加条款。

赠与作为转移和传承财富的一种方式，一旦赠与行为成立，赠与人就会对所赠财物丧失控制权，因此要仔细考量，必要时应向专业的顾问或律师咨询，在他们的帮助下制订详细的赠与计划。

立遗嘱：化解纠纷，使继承合法

生前赠与可以帮助赠与人按照自己的意愿转移自己的财产，具有较强的私密性，但在赠与行为完成后，赠与人就基本丧失了对财产的掌控，而且，为了维持生活，也不可能将所有财产全都通过赠与形式完成转移或传承，这时候就需要遗嘱来起补充作用。

遗嘱是指当事人生前在法律允许的范围内，按照法律规定的方式对其遗产或其他事物所做的个人处理，并于创立遗嘱人死亡时发生效力的法律行为。通俗地理解，就是一个人活着的时候，以立遗嘱的方式对自己的财产和其他事物在自己身后的归属做出的个性化安排，从当事人去世时开始生效。

一份合理且有效的遗嘱，可以帮助继承人顺利继承家产，于无形中化解家庭中的财产纠纷与矛盾，帮助家庭其他成员建立长期、稳定、和谐的关系，是一种有效的传承手段与工具。

在做遗嘱规划时，当事人容易踏入一个误区，总觉得自己身故之后，财产自然而然地就会全部落入子女的手中。事实上，和子女同处第一顺位继承人的还有当事人的配偶和父母。此外，若不及早进行遗嘱规划，当事人总共有多少财产，其继承人未必全部知道。若当事人身故且没有遗嘱，将会是家庭的重大经济损失。

基于种种可能出现的意外情况，我们在做遗嘱规划时要清楚以下几点。

一，立遗嘱是单方面的法律行为，当事人死亡时生效。我国目前尚未开征遗产税，但涉及房产、股权等资产的赠与或继承时，需关注增值税、个人所得税、契税等税种的缴纳规定（例如，房产赠与需缴纳3%的契税）。遗嘱的内容不需要得到其他人的同意，也不需要签订双方协议，而且只在当事人死亡后或有法院宣告死亡后才发生法律效力，其继承人可以处分当事人留下的遗产。

二，遗嘱必须是当事人真实的意思表示，且只能处置个人合法所得的财产。立遗嘱的当事人在设立遗嘱时必须有行为能力，但若在设立遗嘱后丧失了行为能力，仍然有效；受欺骗、胁迫所立下的遗嘱无效；伪造的遗嘱无效；遗嘱中被篡改的内容无效。

三，当事人留有数份遗嘱，且内容相抵触的，以时间最晚的那一份遗嘱为准。

四，遗嘱包括公证遗嘱、自书遗嘱、录音录像遗嘱、口头遗嘱、代书遗嘱和打印遗嘱共六种法定形式。每一种遗嘱的形式都有特定的要求和设立的方式，不符合要求的遗嘱有可能被认定无效。

五，遗嘱分配必须考虑家庭中缺乏劳动能力又没有生活来源的继承人，比如当父母没有生活来源时，要为其保留必要的遗产份额。如果当事人在设立遗嘱时没有安排，可能会导致遗嘱中部分条款无效。

六，遗嘱只能自己亲自设立，不能找人代理，即使是代书遗嘱，也必须由本人在遗嘱上签名才能生效。

七，当事人在危急情况下可以立口头遗嘱，但必须有两个以上的见证人在场见证。在危急情况消除后，当事人能够以书面或者录音录像形式设立遗嘱的,之前所立的口头遗嘱无效。

八,遗嘱不能违反社会公共利益或公序良俗,否则,可能导致遗嘱无效。比较典型的例子是,将婚内夫妻共同财产留给非法同居的异性,会被法院判定遗嘱无效。

一份合理且有效的遗嘱,能够帮助继承人顺利继承家产,也是对当事人自己积累的财富的积极规划,更是对继承人和自己所创造的财富负责任的表现。若想规避自己身后出现家庭成员因财产纠纷而分崩离析的情况,设立遗嘱绝对是上佳选择。

值得注意的是,我国人向来对死亡有着忌讳,但正如讳疾忌医只能导致病情延误一样,忌讳谈论生死也会带来身后的麻烦,与其担忧自己身后家庭成员会不会因为财产纠纷而撕破脸,不如趁早设立遗嘱,从根源上杜绝这一隐患。

保险金信托:身故后的资产管控利器

很多当事人在财富传承的过程中,最担心在将财富传给子女之后,子女挥霍败家。为了防止这种情况出现,越来越多的人选择将大额保单或遗产以信托的方式来处理。

信托,通俗地讲,就是委托人把财产交给受托人,受托人为了实现委托人的目标,以自己的名义管理、处分财产并受到信托义务的约束,受益人享有信托财产受益权的财富管理形式。

信托围绕着信托财产的转移、管理和信托利益的分配而展开。它既可以作为一种特殊的法律架构来实现财产的所有权、控制权和收益权的分离,帮助委托人实现财富的管理和传承;又可以作为一种金融工具，在财富管理和传承领域起到重要作用。

我们在做信托规划时，需要注意以下几点。

一，信托是一种法律关系，信托关系的确立需要经由信托协议或信托契约等书面文件来确立。信托在成立和管理过程中，受到相关法律的制约和保护，信托的成立必须遵守相关的法律法规和监管规定，而对信托财产进行管理和运用必须符合受托人的法定职责和法律要求。如果信托财产受到侵害或出现争议，信托当事人可以通过司法途径维护自己的权益。

二，信托财产是独立的，不仅独立于委托人其他财产，也独立于受托人自身的财产，有助于避免受托人将信托财产用于维护自己的利益，从而保证了信托财产的独立性和安全性。信托财产同样独立于受益人的财产，受益人实际取得的信托分配属于受益人的财产。

三，信托财产一般不得被强制执行。这是由《中华人民共和国信托法》（下称《信托法》）规定的，这个规定的目的是保护信托财产的独立性和安全性，确保信托财产能够被专门用于实现信托目的，保障受益人的权益。

2016年，安信信托设立"安信·深圳罗湖城市更新集合资金信托计划"，以5.25亿元信托资金认缴深圳某公司75%的股权，相关股权登记在安信信托名下。2020年，因安信信托自身债务纠纷，其持有的该股权被法院冻结。安信信托提出执行异议，主张该股权属于信托财产，独立于其固有财产。

其后，法院查明案涉股权虽登记在安信信托名下，但属于信托计划项下财产，独立于安信信托固有资产。依据《信托法》第十六条、第十七条，信托财产不得用于偿还受托人自身债务。法院强调，信托财产的独立性是法定原则，除《信托法》第十七条规定的四种例外情形外（如信托设立前已存在优先权债务），不得强制执行。最终裁定解除了对信托股权的冻结措施。

这个案例表明，信托财产的独立性在一定程度上得到法律的保护，不得被强制执行，旨在保障信托财产的独立性和安全性，确保信托财产能够专门用于实现信托目的，即保障受益人的权益。只有在某些特定的情况下，信托财产才可以被执行。因此，从跨代财务规划角度来看，家族信托可谓一个坚实的后盾。

至于其他的家族信托、家族办公室、家族基金会等跨代财务规划手段，则更适用于具有家族企业或庞大的家族财富的情况，对于个人来说设立保险金信托更加适用，此处不做详细讲述。

结合宏观政策和微观的家庭结构来看，由于我国的很多家庭中都只有独生子女，对于父母来说，几乎没有选择继承人的余地，而独生子女的能力也未必足以守住父母打拼来的财富，因此跨代财务规划才更凸显出其重要性。

此外，我国大部分家庭都更注重创造财富的过程，对于如何守住财富却没有清楚的认知，但受经济环境和家庭继承人能力的双重因素影响，我们应该尽早储备跨代财务规划的相关知识并寻求相关专业人士的协助，让家庭积累的财富成功地向后代传承，避免让自己辛苦打拼来的财富因传承失误而付诸东流。

总而言之，跨代财务规划对于家庭财富的传承和长期可持续发展具有重要意义，不仅能确保财富在不同代际间保持稳定的传承，而且有助于优化家庭财富配置和降低风险成本。个人应高度重视跨代财务管理的实施和推进，通过制订科学合理的财务规划、加强资金管理和风险控制，让家庭财富稳稳地实现代际传承。

第 5 章
退休后的财富无忧：学会持续增利

5.1 RSQ评估：你的退休支出计划可持续吗

在这节的开始，我想先问大家一个问题：退休时，你是否真的相信"4%法则"能护送你安全抵达百岁？

如果你曾仔细研究过退休规划，对"4%法则"这个词一定不陌生。这是20世纪90年代由财务规划师威廉·班根（William Bengen）提出的一种退休取现策略。通过投资一组资产，每年从退休金中提取不超过4%的金额用来支付生活所需，那么直到自己去世，退休金都花不完，因为资产自己会增值。比如一年需要20万元的开销，那就需要20万元÷4%=500万元。把这500万元投资到一组资产上，每年提取不超过4%的金额，就可以满足一年20万元的生活开销，实现财务自由。

然而，这个看似完美的公式，在当下愈加复杂的环境下，正面临严峻的挑战。

首先，全球百岁老人的数量正以惊人的速度增长。根据联合国《世界人口展望2022》的数据显示，2020年全球约有57.9万名百岁老人。而到了2021年，全世界百岁以上人口超过62.1

万。预计到2030年，这一数字将超过100万。这些数据充分说明，在过去的几十年间，几乎呈现出指数级的上升态势。其次，经济环境变得愈加复杂多变，充满了不确定性。全球经济危机爆发频次增加，市场波动的程度超过预期，逐渐冲击着人们的财富防线。

在这样的新形势下，曾经备受推崇的"4%法则"开始频频遭受质疑，其传统的假设基础在现实的狂风暴雨中摇摇欲坠。

由于我常年身处保险行业，因此，我的感受也最真实深刻。在我的身边，我时常能听到一些令人惋惜的故事：许多退休者原本满心欢喜地按照"4%法则"规划退休生活，却没想到在市场的无情打击下，资产迅速缩水，生活陷入了困境。这些现实案例无疑是在给我们敲响警钟，促使我们不得不重新审视这一曾经的"铁律"。

退休支出计划是个人理财规划的重要组成部分，它涉及为退休后的生活制订详细的预算和开支计划。这一计划要求个人根据退休目标和财务状况，制定包括日常生活开支、医疗保健费用、娱乐和旅行费用等各项支出的预算。通过合理规划预算，可以确保退休生活的质量，并避免财务压力。

在谈论养老金时，人们首先想到的往往是基本养老保险。实际上，我国养老金体系被称为"三支柱"体系，除了基本养老保险，还包括企业/职业年金以及个人储蓄性养老保险和商业保险。

不少人会选择自主购买个人储蓄性养老保险和商业保险，并将其作为基本养老保险的重要补充。相对而言，企业年金和职业年金的认知度就比较低。因为企业年金和养老保险相同，由企业和个人共同缴纳。但是其并非强制性,而是由企业或机关事业单位根据自身情况自愿建立的。企业年金主要针对企业员工,而职业年金则针对机关事业单位的工作人员。

假如你按时缴纳年金保险,当你退休后,保险公司将会按照合同约定的方式定期(如每年或每月)向被保险人支付一定金额的保险金。这种定期、定额的现金流可以帮助我们抵御因年龄增长、收入减少或中断而可能带来的经济风险。

毫无疑问,年金保险正是弥补我们资金缺口的重要资源,能够确保我们的退休支出计划可持续发展。但是年金的领取方式和数额并非固定,其能否完全填补缺口,可以填补多少年的缺口,是一个未知的问题。在下面我分享的故事中,我的客户林老先生就遇到了一个棘手的问题。

长久以来,林老先生都对自驾旅行怀有深深的向往,但由于工作繁忙和种种生活琐事,这个梦想一直未能实现。终于,在临近退休之际,他做出了一个重大决定:将自己即将领取的30万元退休年金作为实现自驾旅行梦想的启动资金。

收到这笔资金后,林老先生没有丝毫犹豫,立即选购了一辆豪华房车,并将其改装成适合老年人出行的无障碍版本,以确保旅途中的安全与舒适。他满怀期待地踏上了自驾游的征途,准备游览那些只在书中和电视上见过的美丽风景并亲身体验当地的独特文化。

一开始,林老先生沉浸在自驾游的无限乐趣中,每一天都充满了新奇与惊喜。然而,随着时间的推移,旅行的开销也逐渐浮出水面。油费、过路费、停车费以及时不时出现的车辆维修费用等这些原本预计中的支出，远远超出了他的初步预算。原本充裕的资金开始出现了紧张的迹象。

林老先生遇到的问题论证了我们的猜测，就算你的账户上有一笔数额不菲的养老资产，你也无法确保其能长期填补养老金的缺口。那么，我们真的就无法掌控退休后的财富了吗？答案是，并非如此。我们可以通过积极评估、提前预测与事先布局，来掌控未来人生方向。下面，我就来详细介绍。

退休收入可持续系数

面对"4%法则"在现实中遭遇的困境，退休收入可持续系数（RSQ）评估体系应运而生。

我们要如何将这种不确定性，转化成可视化的数据呢？这就需要引入退休收入可持续系数（Retirement Sustainability Quotient，RSQ）的概念。我们可以把RSQ理解为一个综合评分：它像气象部门在预测"某一天是否会下雨"时所做的概率模型，只不过我们预测的不是降水，而是"退休后收入能否持续到预期寿命"。模型输入的因素包括：生命表（预期寿命）、宏观经济情况以及个人层面的年龄、性别、健康状况、是否拥有待遇确定型养老金，或仅依赖缴费确定型（DC）计划等储蓄资产。通过特定算法，RSQ给出一个介于0到1之间的数值，数值越高，表示退休收入"可持续"的概率越大。进行RSQ测算的公式如下：

RSQ=（收入中年金化的部分）×100%+（收入中没有年金化的部分）×（1-资产组合破产概率）%

收入中年金化的部分，是指通过购买年金保险、养老金计划或其他形式的固定收益产品转化为未来定期领取的固定金额的收入。这部分收入之所以会直接乘以100%，是因为它完全稳定，没有风险。也就是说，在其他条件相同的情况下，年金化的比例越高，RSQ就越高。

收入中没有年金化的部分则是指尚未通过年金化或其他固定收益方式锁定的收入，如工资、投资收益、租金收入等。当某人所有收入都来自收入中没有年金化的部分时，RSQ=1-资产组合破产概率。

资产组合破产概率比较特殊，它不是一个固定的数值，是指个人或机构所持有的资产组合在未来某个时间点因市场波动、经济衰退或其他不利因素导致其价值大幅下降甚至归零的风险。这是一个重要的风险度量指标，用于评估资产组合的稳定性和可持续性。资产组合破产概率的运算方式比较复杂，我们可以求助专业的金融机构、投资风险顾问或风险管理公司帮助，他们可以根据个人的资产组合情况提供定制化的破产概率评估服务。

了解RSQ测算需要的数据是什么后，我们就可以开始计算了。

举例来说，如果你的期望退休收入中有40%来自相对稳定的养老金，另外60%则投资于一个具有30%潜在亏损风险的平衡型资产组合，那么你可以这样计算退休收入的安全系数（RSQ，这里是一个假设的衡量指标）：RSQ=养老金比例+（1－养老金比例）×（1－潜在亏损风险）=40%+60%×（1－30%）=82%。

反之，如果你的期望退休收入中有40%来自年金化收入（如商业年金保险提供的定期收入），而另外60%则投资于可能随市场波动的资产，即使这部分投资的潜在亏损风险是35%，你的退休收入安全系数仍然是相对较高的：RSQ=年金化收入比例+（1－年金化收入比例）×（1－潜在亏损风险）=40%+60%×（1－35%）=79%。

评估退休支出计划是否可持续

计算RSQ数值就像做体检，需要检查身体的各个部位，报告上不会直接出现"健康"或者"非健康"的字样，而是以数值的方式呈现，需要进行数值分析。RSQ只有一个数值，对比体检报告就简单得多。它代表的是退休收入计划的可持续性，这个数字越大，就代表成功率越高。

当RSQ达到95%或以上时，代表我们的退休收入计划足够稳定，能够抵御大部分外部经济风暴的侵扰。就像天气预报显示，次日95%会下雨，我们就必须带伞；剩下5%的可能性就约等于无，不需要纳入考虑的范围。

假如RSQ在50%~95%的区间内，就表示有一定的风险。我们需要考虑年金化我们的养老资产，比如购买商业养老年金保险、参与企业年金计划或政府提供的年金化养老产品等。确保在退休后，我们能够定期获得稳定的现金流。

还有一种情况，那就是RSQ小于50%，这是一个相当危险的信号，意味着当前的退休计划正在面临严重挑战。我们必须立即采取行动，对退休计划进行全面复盘和调整。考虑在退休阶段适度减少开支，以匹配当前的资产状况，确保退休生活的可持续性。例如，寻找节省开支的机会，或者调整一些非必要的消费习惯。如果条件允许，我们也可以适当推迟退休年龄，制造出更多的工作时间与储蓄机会，从而增加退休时的资产总额，并且可以通过新的投资渠道，获得更多的收入，逐步缩小资产缺口。

从RSQ中，可以得出一个重要的启示：年金化收入能够提高我们的退休收入。假设我们同时拥有年金化收入和投资组合，投资组合前期也许能够为我们提供可观的资金，但年金化收入能够为我们的退休生活提供一个可预测且持续的现金流，这有助于减轻因市场波动或经济不确定性对退休生活造成的负面影响。如果年金化收入占比较高，即便投资组合中的其他资产价值因市场原因出现波动，年金化部分依然能够提供稳定的收入来源，保障我们退休生活的基本需求。

年金化收入虽然能够提升收入的可持续性，但也牺牲了一定的资金灵活性和潜在收益。因此，我们在配置年金化资产与投资组合时，应根据个人的风险承受能力、退休目标、预期寿命等因素进行综合考量，找到最适合自己的平衡点。

找到能"创造收入"的工作

随着我国逐步推行延迟退休，我们面临的不仅是退休年龄的推迟，更是对退休后生活质量的深刻思考。退休后的生活，不应仅仅是对积蓄的消耗，而应是一个能够持续创造收入、保持活力的阶段。

因此，我认为，通过创造收入来延续自身的价值，以方便我们随时调整我们的退休支出计划，将是一件非常有意义的事情。那么，我们若想在退休后获得一份能创造收入和价值的工作，则这份工作应该具备以下三个特点。

第一，这份工作应该是脑力劳动而非体力劳动。美国西雅图纵向研究机构从1956年开启了一项关于人类寿命的研究，该研究针对6000人进行了长达40年的脑力调研。研究结果发现，人们进入40~65岁这个阶段时，在归纳推理、语言记忆和空间感方面表现最出色，其中男性脑力的最佳时期在50~60岁，而女性的最佳时期则在60岁之后。在这段时间，人类的脑力虽然达到了一生之中的巅峰，相对应的却是体力的大幅下降，所以退休后适合从事的工作必然只能是脑力劳动。

第二，退休后从事的工作不需要投入本金。由于退休后的老年人大多数将进入对积蓄的纯消耗状态，因此，必须慎重规划养老金的用途，不能用养老金去博弈和冒险，是以退休后适合从事的工作必然不能投入大量资金。

第三，退休后从事的工作最好具有一定技术性门槛或行业壁垒。老年人群体在职场竞争中最大的优势就是具有某个专业领域内的丰富经验，在面对同样的技术问题时，有时会具备碾压性的优势，可以实现退休后仍然靠工作端稳"铁饭碗"。

综上所述，退休后的工作选择应该基于个人的健康状况、专业技能和兴趣。通过精心规划和选择合适的工作，我们可以确保退休生活的质量，同时也为未来的不确定性提供更多的保障。这样的工作不仅能帮助我们弥补支出缺口，还能让我们在退休后继续保持社会联系，享受工作带来的乐趣和成就感。

5.2 ETF、REITs和退休债券：让你的钱活下去

当人们谈及退休规划时，第一反应往往是储蓄。然而，储蓄虽重要，但它仅是基础，无法单独应对通胀和长寿带来的挑战。全球统计数据显示，超过50%的退休资产集中在低风险工具中，但若未合理分配资产，这些工具可能在通胀和医疗成本增加的重压下迅速失去效用。那么，如何通过多元化投资让你的钱"活下去"？

财富的生命力，在于持续增值，而非单纯储备。

ETF：分散投资与低成本优势

ETF，即交易型开放式指数基金，也叫交易所交易基金。这种基金很特别，它可以在证券交易所里像股票一样买卖，而且它的份额是可以变化的。

随着投资者对养老规划需求的增加，部分ETF开始专注于养老产业或相关指数，成为养老金融产品的重要组成部分。2021年8月25日，我国首只养老ETF——华宝中证养老产业ETF正式开售。

我们可以通过两种方式拥有ETF：一种方式是直接找基金管理公司买它的份额，就像买普通的开放式基金一样；另一种方式是像买股票那样，在股市里直接买ETF的份额。

按照对应资产标的不同，ETF产品可以分为股票型ETF、债券型ETF、货币型ETF、商品ETF和跨境ETF。截至2023年末，境内股票型ETF规模为1.45万亿元，占比70.86%；债券型ETF规模为788.92亿元，占比3.86%；货币型ETF规模为2067.94亿元，占比10.11%；商品ETF规模为307.16亿元，占比1.51%；跨境ETF规模为2792.75亿元，占比13.66%，如图5-1所示。

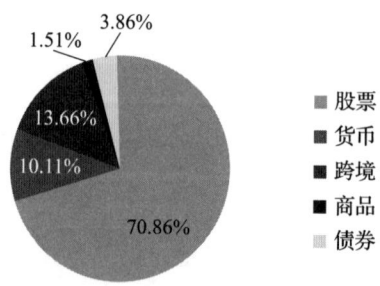

图5-1　2023年五种ETF的规模分布

每种类型ETF由于风险收益特征各有不同，我们可以通过投资不同类型的ETF分散风险。

股票型ETF是一种以特定股票指数为跟踪对象，并通过购买该指数中的全部或部分成分股来构建投资组合的基金。目前，国内股票型ETF是以一篮子股票进行申购和赎回的，投资门槛较高，投资者可使用A股证券账户，通过券商办理ETF申购和赎回。另外，还有一部分场内交易的股票型ETF，交易门槛和股票类似，以100份为最小交易单位，交易成本相对较低，普通投资者也可参与。

债券型ETF所跟踪债券指数的成分证券为债券。投资者既可以在一级市场以组合证券来申购、赎回债券型ETF份额，也可以在二级市场买卖债券型ETF份额。根据标的范围的不同，债券型ETF可以分为多种类型，如国债ETF、信用债ETF、地方债ETF和城投债ETF等。国债ETF有较高的安全性和流动性，因此广受风险厌恶型投资者的青睐。

货币型ETF是交易型货币市场基金，是指既可以在交易所场内申购赎回，又可以在交易所二级市场买入/卖出的货币市场基金。不同于其他ETF，货币型ETF一般不会在基金名称中出现"ETF"字样，所以要学会通过特征辨别货币型ETF。

商品ETF的跟踪标的是商品类指数，采用实物申购赎回。它不直接持有实物资产，而是通过期货合约等金融衍生品来跟踪商品价格指数。通过投资于大宗商品期货等金融衍生品，实现对黄金、石油、有色金属、农产品等商品资产的一键配置。

跨境ETF是指跟踪证券指数的成分证券，包括非沪深证券交易所上市的境外证券，基金份额在沪深证券交易所上市，投资者使用现金进行申购和赎回的ETF。跨境ETF能够为投资者提供更广阔的投资视野和更多的投资机会，但其涉及不同货币之间的转换，可能面临汇率波动风险。建议对该领域不熟悉的投资者在做好准备后再进行尝试。

以上五种ETF的投入成本和适合的投资者存在明显区别，见表5-1。

表 5-1　五种 ETF 的区别

类型	投资对象	一般费率及其构成	适合的投资者
股票型ETF	跟踪股票市场或特定股票指数，通过持有一篮子股票来复制相关指数表现，如沪深300ETF跟踪沪深300指数，成分股是上海和深圳市场中市值大、流动性好的300只股票	管理费率一般在0.5%左右，托管费率在0.1%~0.2%。费用主要包括管理费、托管费，还有少量交易佣金等	适合风险偏好较高、希望获得股票市场长期收益、追求资产增值，且希望通过分散投资降低单一股票风险的投资者，也适合对特定行业、主题或指数有研究和投资偏好，想把握相关投资机会的投资者
债券型ETF	投资于债券指数，可细分为利率债ETF（投资国债、地方政府债券和政策性金融债券等）、信用债ETF（投资信用等级较低、收益率较高的债券）、可转债ETF（投资可转换债券）	管理费率大多为0.15%，部分为0.25%或0.3%，托管费率一般在0.1%~0.2%。费用主要是管理费、托管费和少量交易费用	适合风险偏好适中、追求稳健收益、希望资产有一定增值且波动相对较小的投资者，也适合作为资产配置的一部分，用于降低组合整体风险的投资者
货币型ETF	投资于具有良好流动性且风险较低的货币市场工具，如短期国债、商业票据、银行定期存款、大额存单等	管理费率较低，一般在0.25%左右，托管费率也很低，通常在0.05%~0.1%。基本不收取交易手续费，主要费用为管理费和托管费	适合风险偏好极低、追求资金安全和稳定收益且希望资产具有较高流动性、能随时变现的投资者，如短期闲置资金的存放、风险偏好低的保守型投资者以及作为资产配置中流动性管理的工具

（续）

类型	投资对象	一般费率及其构成	适合的投资者
商品ETF	投资实物商品（如黄金、白银）、商品期货合约或其他衍生品，跟踪特定的大宗商品价格或商品指数，如黄金ETF跟踪上海黄金交易所的黄金现货合约，豆粕ETF、能源化工ETF等跟踪相关期货合约价格	管理费率一般为0.5%左右，托管费率在0.15%左右。费用主要包括管理费、托管费，还有可能涉及期货交易的相关费用	适合对大宗商品市场感兴趣、希望通过投资商品来对冲通胀风险或丰富资产配置组合，且能承受一定风险的投资者，也适合有一定期货市场知识和投资经验，想参与大宗商品投资但又不想直接参与期货交易的投资者
跨境ETF	以境外资本市场证券构成的境外市场指数为跟踪标的，涵盖全球主要经济体和市场，如以标普500、纳斯达克100、日经225、德国DAX30、法国CAC40等国际重要市场指数为跟踪目标的跨境ETF	管理费率一般在0.5%~0.8%，托管费率在0.15%~0.25%。费用包括管理费、托管费，还可能涉及跨境交易的相关税费汇率转换成本等	适合希望进行全球化资产配置、分散投资风险、对海外市场有一定了解和投资需求，但又不想直接在海外市场开设账户或受到外汇管制等限制的投资者，以及想通过投资海外市场获得不同投资机会和收益的投资者

综上，我们在构建ETF投资组合时，应根据自身的风险承受能力、投资目标和市场情况来合理配置不同类型的ETF。可以选择具有代表性且流动性好的股票型ETF作为投资的主体；并配置一定比例的国债ETF或信用债ETF，以分散股票市场的风险；希望配置大宗商品资产的投资者，可以选择黄金ETF、原油ETF等

商品ETF。

ETF近年来成为退休投资者的宠儿。其优势在于低成本和广泛分散，让投资者能够通过一个工具参与全球市场。ETF的管理费用普遍低于主动型基金。例如，美国标准普尔500指数ETF的年管理费仅为0.03%，这意味着更多的收益可以保留在投资者的口袋中。

历史数据显示，美国股市的长期年化收益率为7%~10%。假设美国的一位投资者退休时将30%的资产投入ETF，并保持长期持有，他的投资不仅能跑赢通胀，还能为日常开销提供持续的资金来源。而他若在40岁时就开始每月投资标准普尔500指数ETF，每月投入500美元，年化收益率为7%。到65岁时，他的资产将累积至50万美元。这笔钱完全能够覆盖大部分退休支出。

REITs：稳定的现金流与抗通胀特性

REITs是另一种适合退休者的工具，因其稳定的租金收益和较低的波动性而备受青睐。

REIT最早的定义为"有多个受托人作为管理者，并持有可转换的收益股份所组成的非公司组织"。简单来说，就是将你的资产投入到某家"投资公司"，即REIT。"投资公司"用募集到的资金对不动产进行投资，最终的投资收益会按照投资者的出资比例进行分配，如图5-2所示。这种投资方式使得投资者能够间接参与不动产市场的投资，享受不动产投资带来的收益，而无须直接购买和管理不动产。

REITs于1960年出现在美国，最初是为了规避管制而生。随

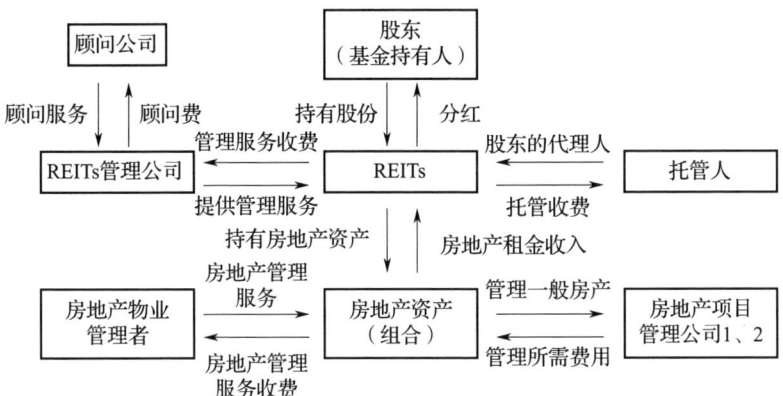

图 5-2 不动产投资信托基金（REITs）组织结构

着美国政府正式允许满足一定条件的 REITs 可免征所得税和资本利得税，REITs 开始成为美国最重要的一种金融工具。

自 1960 年艾森豪威尔总统签署了《不动产投资信托法案》（Real Estate Investment Trust Act）起，至今全球已有 30 多个国家或地区相继推出 REITs，全球总市值已经超过 10000 亿美元。

经过多年的发展，全球 REITs 形成了 6 个典型的特征，见表 5-2。我们通常将具有这些特征的 REITs 产品称为标准化 REITs。

表 5-2　REITs 的 6 个典型特征

主要投资标的是成熟的不动产资产，依赖其长期稳定现金流
实施强制分红，高比例分配利润
享受税收优惠
公开募集与私募并存
产品价值依附专业管理人对不动产资产的管理与投资决策
设定杠杆率上限以降低风险

REITs的分类方式多样，可以从投资类型以及底层资产类型等多个角度进行划分。

从投资的类型来看，REITs可以分为3种：股权型、抵押型和混合型三种。股权型REITs直接投资于不动产，拥有资产的所有权；抵押型REITs投资住宅或商业房地产抵押贷款或住宅或商业房地产抵押支持证券，其收益主要来源于房地产贷款利息与资金募集成本的差额；混合型REITs则结合了前两者的特点，既投资于实际底层资产，又提供贷款，以此来分散风险并优化收益。

当我们根据REITs的底层资产类型对其进行分类，则可以将REITs分为商业物业REITs、基础设施REITs、租赁住房REITs、物流REITs，见表5-3。

表5-3 REITs的4种类型

类型	示例
商业物业REITs	如购物中心、写字楼、酒店、零售中心等
基础设施REITs	交通设施（高速公路、机场、港口等）、能源设施（水电站、风电场、电网等）、通信设施等
租赁住房REITs	公寓、学生宿舍等
物流REITs	仓库、物流中心、配送中心等

我们在进行REITs投资时，可以选择租赁状况良好的写字楼、零售物业、工业物业。这种低风险、收益稳定的投资方式真实可行，并且在REITs投资实操中屡被验证。我的客户张先生就是一个典型的例子。

张先生是一位退休教师，拥有一定的积蓄，但希望在退休生活中获得稳定的现金流以覆盖日常开销，并为可能的医疗和其他费用提供保障。他了解到REITs的特点后，决定将其作为退休投资组合的一部分。

张先生将自己30%的退休资产（约90万元）投资于REITs，具体包括：

购物中心REITs：投资于多个购物中心的REITs，这些购物中心位于经济活跃的城市中心，租赁状况良好，租户包括大型连锁品牌和本地商家。这些REITs的年租金收益率约为5%，每年为张先生提供约4.5万元的稳定收入。

物流仓库REITs：随着电商行业的快速发展，物流仓库的需求持续增长。张先生投资的物流仓库REITs，其资产位于主要交通枢纽和物流节点，出租率长期保持在95%以上。这些REITs的年租金收益率约为6%，每年为张先生提供约5.4万元的稳定收入。

通过这样的投资组合，张先生不仅获得了稳定的现金流，还有效分散了投资风险。购物中心REITs和物流仓库REITs在经济周期中的表现相对稳定，即使在市场波动时，也能保持较高的出租率和租金收入。此外，REITs的强制分红机制确保了张先生每年都能获得可观的现金回报，为他的退休生活提供了坚实的财务保障。

REITs是退休投资中的坚固桥梁，让财富在时间的流动中保持稳固。张先生的案例充分证明了REITs在退休投资中的重要作用。通过合理配置REITs，投资者可以在退休后获得稳定的现金流,有效应对生活费用的增长和市场波动的风险,确保退休生活的质量。

退休债券:市场波动中的安全港

有段时间,某部热播的古装剧中出现了关于"国债"的剧情。主人公为了解决内库亏空的问题,向商人兜售"国债",强调"国债"的持有人等同于"皇帝的债主",可以按照事先约定的利率,定期获得稳定的利息收入。商人们纷纷响应,踊跃购买"国债"。

剧中提及的"国债"属于债券,是政府、企业、银行等债务人为筹集资金,按照法定程序发行并向债权人承诺于指定日期还本付息的有价证券。债券的本质是债的证明书,或者说是一种另类的"欠条",具有法律效力。债券的购买者是"债主",债券的发行方则是"欠债者"。"欠条"上的日期到期后,"欠债者"需要将本金和利息一起还给"债主"。

不少投资大师都会一直持有不低于20%的债券。证券分析理论之父本杰明·格雷厄姆(Benjamin Graham)也认为,如果只能选择两类投资标的,那就选股票和债券。因为债券能够提供稳定的固定收益(时间带来的复利效应),有助于平衡投资组合的风险,尤其是在市场波动时起到稳定器的作用。

既然如此,那我们要如何选择、投资债券呢?

首先,了解债券的种类。按照发行主体来分类,债券可以分为政府债券、金融债券、公司债券等,见表5-4。

表 5-4 政府债券、金融债券、公司债券的主要种类

债券类型	发行主体	备注
国债	中央政府	挂钩特定标的，收益与标的价格相关
地方政府债券	地方政府	分为一般债券和专项债券，通过招标或定向承销发行
中央银行票据	中国人民银行	调节货币供应量，期限大多不超过1年
政府支持机构债券	中国铁路总公司	铁道债券，发改委核准发行
金融债券	银行和其他金融机构	包括政策性金融债、商业银行债券等多种类型
企业债券	企业	允许非股份制企业发行
非金融企业债务融资工具	非金融企业	交易商协会注册发行，面向银行间市场
公司债券	股份公司	与企业债券合称公司（企业）债券
可转换公司债券	境内上市公司	可转换为股份，期限3~5年
中小企业私募债券	境内中小微型企业	非公开发行，面向合格投资者

其次，投资者在购买债券时，需要注意四点：债券的面值、票面利率、付息方式以及到期日。

债券的面值是指债券发行时所规定的票面金额，也是投资者购买债券时需要支付的金额。债券实际发行时的价格，可能会高于面值，也可能会低于面值。假设我们购买了一张票面价格为100元的债券，这是债券在发行时设定的原始价值，也是债券到期时

发行人承诺偿还给债券持有人的金额。

当债券的市场价格低于票面价格时：如果我们以98元的价格买入这张债券，在债券到期时，除了按照票面利率获得的利息收益，还将获得因债券价格上涨至票面价值（即100元）而产生的资本增值收益，这部分收益等同于购买时的折价（2元）。

当债券的市场价格高于票面价格时：如果这张债券的市场价格上升至102元，我们购买这张债券就需要支付比票面价格更高的金额。这种情况下，虽然我们仍然可以获得按照票面利率计算的利息，但由于购买成本增加，实际到期收益率会相应下降。在债券到期时，收回的总金额（包括本金和利息）相对于投资成本（102元）来说，占比会较低，从而降低了整体收益率。

建议大家以低于面值的价格购买债券，这样不仅能够获得利息，还可能获得资本增值。

溢价购买债券需要为相同的利息支付更高的价格，会降低到期收益率。

票面利率是债券发行时规定的利率，表示每年应付的利息额与债券面额之比。例如，一张票面利率为5%的债券，如果面值为100元，则每年应支付利息5元。票面利率直接影响投资者的利息收入，可以优先选择票面利率较高的债券。

除了债券的面值和票面利率，我们还需要关注债券的**付息方式**，不同的付息方式会对投资者的现金流产生不同影响。债券的付息方式一般分为两种：一次性付息和分次付息（如每年、每半年或者每季度）。而债券的**到期日**也很重要，因为它决定了投资者持有债券的时间长度和预期收益。一般来说，期限越长的债券，其价格受市场利率变动的影响越大。

因此，投资者在购买债券时应全面考虑债券的面值、票面利率、付息方式以及到期日因素，并结合市场情况和个人风险偏好做出明智的投资选择。

虽然债券属于固定收益投资，在购买之初就能大致确定未来一段时间内的收益水平。但是在某些情况下，资产的价格也会产生波动。下面案例中的李先生购买的债券就遇到利率风险。

李先生在朋友的推荐下，购买了一只期限为5年期、年化收益率为5%的债券。没想到第二年，央行加息了，市场上同类债券的利率也随之提高到了6%。这时，李先生持有的这只债券的票面利率低于市场上的同类债券，便不再有吸引力，新的投资者纷纷选择购买利率更高的债券。李先生急着将这只债券卖掉，只好将其以一个较低的价格出售。

李先生的故事告诉我们：当市场利率上升时，现有固定利率债券的价格往往会下跌，因为新发行的债券提供了更高的收益率。这种价格下跌可能导致投资者在需要资金时面临资本损失的风险。因此，在进行固定收益投资时，投资者应关注市场利率的变化，并根据自己的投资目标和风险承受能力做出合理的投资决策。同时，也可以考虑采用多元化投资策略来分散风险。

然而，利率风险并非债券投资中最大的风险，违约风险更需要关注。违约是指发行债券的公司因经营不善、财务困难或其他原因无法按时支付利息，甚至无法偿还本金。相当于"欠债人"宣告破产，无力偿还"债主"的债务。投资者不仅无法获得预期的收益，本金也可能部分损失或者全部损失。为了避免这种情况，投资者需要对发行债券的公司的信用状况进行深入的评估和分析。

买债券的目的是用"时间"换"金钱"。那么，投资者用于购买债券的钱，最好是长期不用的钱，这样才能最大限度地避免期限错配风险，确保投资计划的顺利进行。

债券被誉为"财富的保护伞"，尤其是在退休后，需要稳定现金流的阶段。

相比于股票市场的剧烈波动，债券市场相对平稳，是分散风险的理想工具。退休者可以将部分资产配置到中长期债券中，以确保收益稳定。这类理财产品提供固定的票面利率和到期收益，也比较适合偏向保守的投资者。

如何科学配置ETF、REITs和退休债券

科学的资产配置是让财富延续生命力的核心。在本节中，我们提到了三类可投资资产：ETF、REITs和退休债券。那么，我们该如何科学配置ETF、REITs和退休债券，让其为我们的退休生活持续增利呢？

1. 建立"10/30/60"模式

将10%资产投资于ETF，实现长期增值。

将30%资产投资于REITs，提供稳定的现金流。

将60%资产投资于退休债券，应对市场波动和紧急需求。

2. 定期跟踪投资表现

每季度或每半年复盘投资组合，检查是否需要调整比例。例如，在市场波动较大时，可以降低股票类资产的配置，增加债券或REITs的比重。

3. 结合个人风险偏好

对于风险承受能力较低的投资者，可以适当增加债券的比重，而对于愿意承担更多风险的人，则可以提升ETF的配置。

在面对长寿和通胀的挑战时，多元化投资是保持财富"活力"的最佳策略。通过ETF、REITs和退休债券的科学配置，每个退休者都能在保证稳定收益的同时，实现资产的长期增值。

5.3 跑赢物价，让财富不被时间偷走

物价上涨藏在我们的购物清单的数字里。面对长寿与时间的挑战，跑赢物价是每个家庭必修的课题。

生活中我们都听过这样的抱怨：今天的100元，不如10年前的10元好用。这些抱怨背后，潜藏着一个更大的隐忧——物价上涨正在逐步吞噬我们的财富。忽视它，不仅让你的存款"缩水"，还可能让你的未来生活陷入困境。

但我们一定要明白，财富不是用来对抗时间的敌人，而是用来驾驭时间的工具。

十年前，陈女士辞职照顾家庭，并计划通过储蓄来保障退休生活。她每月定期存入5000元到银行，希望十年后这笔钱能足够养老。然而，现实却给了她沉重一击——物价上涨率平均达到3%，她存下的60万元的实际购买力相当于45万元，而她的生活成本却从每月5000元增加到了8000元。陈女士无奈感叹："我辛苦存下的钱，竟然连过去的一半都不值了。"

通货膨胀是一个跨越时代、触及社会各阶层利益的复杂经济现象，它不仅是银行家、学者、领导人关注的焦点，也是普通民众日常生活中无法回避的议题。

在历史上货币贬值最为严重的时期，人们甚至用钞票来点烟，因为面值较小的纸币已经失去了购买商品的价值，用来点烟反而更加"实惠"。

而今，"携带大捆最大面值的钞票才能买到生活必需品"这种景象不会重现，但物价的悄悄上升，影响着个人的财务规划。前文在提及"养老金不够"与"未来的不确定性"时，曾经多次提到物价上升。当货币发行量超过了市场上实际需要的货币量时，商品价格会随之上涨，我们手中的养老金及其他储蓄金就会被稀释。

经济学中有一个古老的规律叫"70规则"，是指如果某个变量（如物价、储蓄金额、GNP等）每年以固定的百分比（X%）增长，那么该变量翻倍所需的时间大约为70除以X年。在物价逐步上升的环境下，可以用这个规律来估算物价翻倍所需的时间。

以2022年为例，如图5-3所示，已知2022年的物价上升比率为2%（假设每年的物价都按照固定比例增长，这个比例与物价上升率相同），则物价翻倍大约需要70÷2=35年。也就是说，我们在2022年花100元买的东西，到了2055年也许需要花200元才能买到。

随着延迟退休政策实施，"80后"和"90后"的退休年龄都会相对推迟。以第一批"90后"为例：2022年，这批"90后"刚过而立之年，他们的事业处于稳步上升阶段，且拥有较强的消费能力，是社会经济活动中的重要消费群体。然而，时间推移至2055年后，此时这批人大约已经65岁，处于退休后阶段。

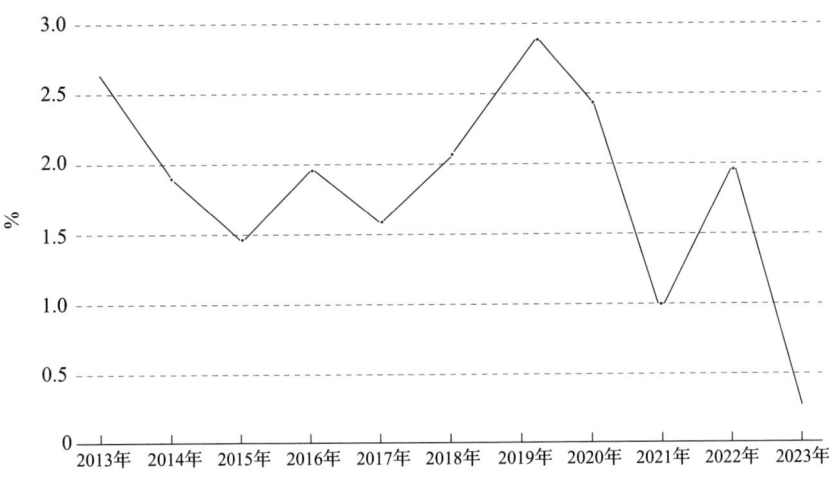

图 5-3　2013—2023 年中国物价变化率

根据上文推算,在这一时期,物价很可能相较于2022年有上涨。尽管这一群体在职业生涯中已经累积了相对丰厚的财富,但物价上升会侵蚀货币的购买力,而且老年人通常需要支付医疗、养老等额外支出。多重因素影响下,他们的实际购买力可能会受到显著影响,难以维持退休前的生活品质。因此,为了应对物价上升,我们需要更加注重财务规划和资产配置。

抓住保值"金牌"

物价逐步上升的表现是货币购买力下降,我们想要解决这一问题,可以反其道而行之,努力使货币转化成保值或者能够升值的东西,也就是优化资产配置。简单来说,就是使用我们的货币资产购买某些能够抵御物价上升甚至带来增值的资产。

提到保值、增值,很多人第一时间想到的是黄金。因为黄金是一种有限的自然资源,它具有稀缺性,能够在长时间内保持价值,不会受到过度供应的冲击。与纸币等相比,黄金的价值也相对稳定,它不会因动荡、经济危机或货币贬值而大幅贬值。在历史上,不少国家或地区都曾经历货币崩溃,但黄金的价值却始终保持相对稳定。

20世纪70年代的美国正处于高物价上升时期,消费者价格指数飙升。为了抵御货币贬值带来的资产缩水风险,众多投资者纷纷将资产置换为黄金,并将其作为避险资产,希望能够借此对抗物价上升。

投资者这一行为极大地推动了黄金价格的上涨。尽管美元对其他东西的购买力都在下降，但对黄金的购买力却并未下降。黄金价格与物价上升指数之间呈现出了显著的正相关性，即物价加剧上升时黄金价格也随之上涨。许多投资者因此更加坚信黄金在保值增值方面的独特作用。

至今，黄金仍被广泛视为对冲物价上升和分散投资风险的重要工具之一。虽然其价格会有波动，但从长期来看，黄金的价格通常能够保持上涨趋势，为投资者带来稳定的回报，如图5-4所示。而黄金对于国人还有更高层次的含义，我们将黄金视为吉祥、富贵的象征，并且习惯使用黄金制品作为传家宝或者婚嫁礼物。

图5-4　近十年国际黄金期货价格走势图

随着金融市场的不断创新和发展，黄金投资渠道日益丰富，包括实物黄金、黄金ETF、黄金期货等多种投资方式。投资者可以根据自身的风险承受能力和投资目标，选择适合自己的黄金投资方式，实现资产的优化配置和增值。

不过，除去将黄金视为通胀对冲工具，我们还需要明白，事情总有特殊，其表现也并非总如预期那样稳定。在某些时期，黄金价格与通胀之间的相关性会失效甚至出现负相关。因此，投资者在将黄金作为通胀对冲工具时，也需要充分考虑市场环境和自身风险承受能力。除了黄金，投资者还可以考虑其他资产类别作为通胀对冲工具，如股票、债券、房地产等。这些资产在不同经济环境下的表现各异，投资者可以根据自身需求和风险偏好进行配置。

读懂货币周期，优化资产配置

大家出门旅行时，通常会提前做好攻略。比如你想到挪威看北极光，就会选择在9月中旬到次年4月初这段时间，因为这段时间是全年中观赏北极光的最佳时间。正常情况下，不会有人选择6月至8月这段时间到挪威观测北极光，而会选择去南半球某个小岛来观测南极光，因为这并非观赏北极光的最佳时间。

对不同类型的资产来说，是否也存在如"极光最佳观赏期"一样的"收益最大化期"呢？答案是有的，那就是货币周期。货币周期主要是指中央银行通过调整货币政策工具（如存款准备金率、利率、公开市场操作等）来影响货币供应量和市场利率的波动周期。这种周期性的变化会直接影响经济活动的活跃度、通胀水平以及资产价格,从而对投资者的资产配置决策产生重要影响。

在某个货币周期内,某种金融产品可能表现优异,为投资者带来丰厚回报;而对另一种金融产品来说,则可能面临挑战或损失。投资者可以根据不同经济周期来考虑自己需要配置的资产,如图 5-5 所示。

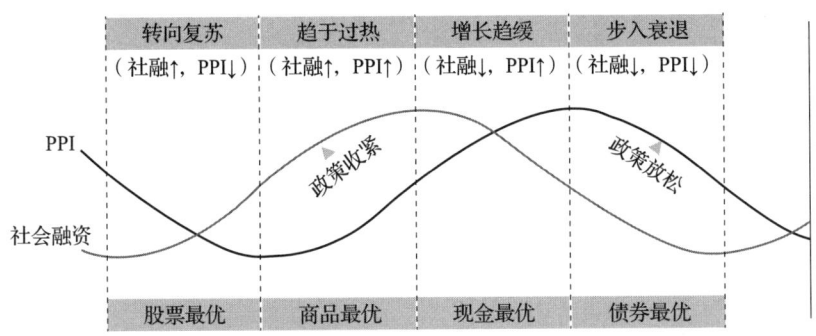

图 5-5 货币周期与资产配置

在解读图 5-5 所示的货币周期与资产配置关系时,我们首先需要理解不同货币周期阶段下,金融产品的表现差异以及这些差异如何影响投资者的资产配置决策。接下来,结合 PPI(生产者物价指数)和社会融资的数据,我们可以进一步细化对当前货币周期的判断,并据此调整投资策略。

货币周期通常可以简化为宽松周期和紧缩周期两种基本形态。宽松周期时,中央银行通过降低利率、增加货币供应量等政策措施来刺激经济增长。这些措施通常旨在提高市场流动性，降低资金成本，鼓励借贷和投资活动，从而推动经济增长。在宽松周期中，股票市场、债券市场等金融市场往往表现较好，因为较低的利率环境有利于提升企业的盈利能力和投资者的风险偏好。

与宽松周期相反，紧缩周期是中央银行为控制通货膨胀或稳定经济而采取的紧缩性货币政策。在这个阶段，中央银行可能会提高利率、减少货币供应量，以限制经济过热和物价上涨。社会融资规模可能增速放缓或下降，资金成本上升，流动性收紧。股票、债券等风险资产可能面临下行压力，因为融资成本上升压缩了企业盈利空间，同时投资者风险偏好降低，资金可能流向更安全的资产。黄金、国债等避险资产相对受欢迎。建议投资者减少风险资产配置，增加对避险资产（如黄金、国债）的投资，保持流动性以应对可能的市场波动。

投资者应综合PPI和社会融资的数据，结合其他宏观经济指标（如GDP增长率、失业率、CPI等），以及市场情绪、政策导向等因素，全面判断当前货币周期所处的阶段。在此基础上，灵活调整资产配置策略，以最大化投资收益并控制风险。例如，在宽松周期初期，可以积极增加风险资产配置；而在紧缩周期来临前，则应提前布局避险资产，减少风险暴露。

面对通货膨胀的大趋势，投资者一方面要保持对宏观经济形势的敏感度，了解通货膨胀的最新动态，以便及时调整投资策略；另一方面要多元化投资组合，分散风险，避免将所有资金集中在单一资产上。此外，储蓄和保险也是应对通货膨胀的重要手段，它们可以在一定程度上抵御物价上涨带来的风险，保障个人的财务安全。

财富的增值不仅关乎数字的增长，更关乎对生活质量的保障。如果你忽视了物价上涨的影响，那么即使积累再多的财富，也可能因为购买力下降而变得无足轻重。与其被动接受，不如主动规划，为未来的人生奠定一个坚实的基础。

5.4　全球化资产配置：让你的钱去更远的地方

在今天的全球化经济环境下，资产配置不再是仅限于国内市场的事情。而随着市场的互联互通，我们也有了更多元化的投资选择。很多投资者开始意识到，单纯依赖本地市场的投资配置，已经无法满足长期稳定增值的需求。

于是，部分投资者开始把目光投向海外市场，尤其是美国、欧洲和亚洲地区的一些新兴市场。在全球范围内进行资产配置，其实不仅能够让投资组合获得更多的增长机会，同时也可以有效分散风险，提高资金的抗风险能力。

例如，根据数据显示，美国标准普尔500指数的年化回报率在过去50年中超过了7%。而与此同时，亚洲地区新兴市场的表现也令人振奋。例如，东南亚地区的房地产和基础设施投资也获得了不小的回报，且这些市场相比于成熟市场更具备增长潜力。将一部分资产配置到这些市场，不仅能够获得更高的投资回报，还能有效规避本地市场的单一风险。

根据生命周期理论，理性的消费者会根据一生的收入来安排自己的消费与储蓄，确保一生的预期总收入在不同年龄阶段进行最优配置，以取得跨期效用最大化。例如，一个人在未成年期和老年期的消费高于收入，进行负储蓄。所以我们在提到"养老"时，通常联想到的是基础养老保障，即可能产生养老金或者储蓄支出。

全球化是指全球范围内经济、政治、文化和社会事务的相互联系和相互渗透，是一个开放、互动、多元化的过程，其背后往往蕴藏着无穷的机遇和挑战，很难将其与养老联系到一起。

这是因为我们受到惯性思维的影响，倾向于将养老视为一个平稳、静态的过程，而忽视了它与全球化这一动态趋势之间的潜在联系。这种现象，我们可以称之为"鲦鱼效应"，即我们在处理问题时，常常不自觉地受到现有知识、经验和直觉的束缚，从而形成了固定的思维模式。

实际上，全球化是一个大的浪潮，促进了国际贸易、投资和技术交流，推动了世界经济的繁荣。同时，国际的技术合作和知识共享也促进了全球科技水平的提升，也为人们提供了就业机会和职业发展空间。这些变化，都为缓解养老压力提供了可能。

随着全球人口结构的变化，越来越多的国家或地区正面临或即将面临老龄化社会的挑战，根据《世界人口展望2022》推测，到2050年，全球65岁及以上人口的比例预计将从2022年的10%升至16%。届时，全球65岁及以上的人口将是5岁以下儿童人口的2倍，几乎与12岁以下儿童的数量相当。

老龄化作为当今世界不可忽视的趋势，将影响到全球化进程，但同时，全球化也为我们的未来养老布局提供了很多机遇。这二者的相互促进不仅关系国家/地区、民族的生存和发展，也关系我们个人的生活。老龄化是悬在我们每个人头上的一把利刃，而全球化则组成一把"双刃剑"。假如应用得当，抓住全球化带来的机遇，就可以缓解我们的养老压力。

全球视角下的养老投资

在全球经济一体化的浪潮下，养老投资不再局限于国内市场，而是逐渐扩展到国际市场。这种跨国投资为投资者提供了更广泛的资产配置选择。正如前文提到的"跨境ETF"，就是通过追踪全球不同市场的指数，为消费者提供一个便捷、低成本的途径来参与国际市场的投资。

随着经济全球化的深入，各国之间的金融壁垒逐渐减弱。例如，QDII基金的推出，使得境内个人投资者无须再通过复杂的金融机构，即可直接投资境外市场。这一政策不仅简化了投资流程，还降低了投资门槛。

除此之外，投资者通过将资金分散投资于不同的国家或地区，也能在全球范围内分散风险，有效降低单一市场或资产类别波动对整体投资组合的影响。并且国际市场提供了丰富的金融产品，包括股票、债券、基金、期货、期权、REITs等，这些产品能够满足不同风险偏好和投资需求的投资者。

虽然经济全球化的发展为跨国投资提供了诸多便利，但这种投资方式也有一定的风险。例如，与国内市场相比，国际市场的信息透明度较低、复杂性和不确定性高。各个国家或地区之间，经济、文化、法律监管体系存在明显差异，极大可能对投资市场产生影响；跨国投资涉及不同货币之间的兑换，会产生相应的汇率风险。当本国货币贬值时，投资者持有的海外资产价值将相应下降；反之亦然。

因此，养老投资者应该根据自身的风险承受能力和投资期限，选择适合的金融产品进行投资。假如投资者的风险承受能力有限，建议将资金投入养老目标基金、REITs、海外债券这三类金融产品中。

养老目标基金是一种以追求养老资产的长期稳健增值为目的的公募基金。这类基金通常采用目标日期或目标风险策略，根据投资者的年龄和风险承受能力来调整资产配置。

REITs在前文已经具体介绍过，其最早发源于美国，通过投资不动产获得稳定收益。

海外债券则是由外国政府、企业或金融机构发行的债券。与国内债券相比，它具有更高的收益率和更低的相关性。也就是说，在投资组合中加入海外债券，可以降低整体风险并提高收益水平。

倘若投资者进行海外投资的目的是追求高效益，那么可以选择海外股票作为投资产品。海外股票市场虽然波动较大，但长期来看，其收益率往往高于固定收益类产品。投资者可以选择具有稳定收益和良好基本面的蓝筹股或行业龙头股，这样能够将风险控制在较小的区间内。

知识与技能的全球变现

想要成为一名有影响力的成功人士，也许需要几年、十几年，甚至是一辈子的付出。但是在这个信息爆炸的时代，想让全世界都看到你，可能只需要一秒。一个精心策划或偶然触发的引人注目的瞬间可以迅速传遍全球，让全世界的人都关注到你。

随着互联网技术的飞速发展，社交媒体和视频平台成为连接全球用户的重要桥梁。在这一背景下，四川姑娘李子柒横空出世。

李子柒以乡村为背景，将我国传统农耕文化、手工艺、美食制作等元素融入视频之中，在全球范围内掀起了一股"东方田园风"的热潮。2021年2月2日，这一趋势达到了新的高峰。李子柒在YouTube中文频道的订阅量达到了惊人的1410万，这一数字不仅标志着她在全球范围内拥有了庞大的粉丝基础，更让她成功刷新了自己先前创下的"YouTube中文频道最多订阅量"的吉尼斯世界纪录。

据数据显示，李子柒在YouTube上的单月广告收益可达数十万美元，这远超许多中小型企业的净利润。这种基于个人品牌与技能的全球变现模式，不仅给众多创业者开创了新思路，还为渴望获取额外收入支撑自己养老生活的人们提供了新方向。

想要照搬李子柒的成功模式，是不可能的，因为每个人的机遇、思维模式、创意都是独一无二的。我们应当从她的成功案例中汲取宝贵的经验，如精准的个人定位、高质量的内容创作、持续的创新精神以及深厚的文化底蕴等，并在社交媒体平台上，以符合自身特质的方式，分享独特见解与才华。

当前，自媒体领域正迎来更多元化的参与者，包括众多老年群体。他们利用自媒体平台，分享丰富的人生阅历、专业技能及生活点滴，不仅赢得了广泛的关注与尊重，还实现了经济上的自给自足。

因此，对于所有有志于在自媒体领域有所作为的创作者而言，首要任务是明确个人定位与风格，深入挖掘自己的兴趣、擅长领域以及采用独特的表达方式，从而在海量内容中脱颖而出。无论是通过拍摄幽默风趣的短视频，还是展示精湛的手工艺技能，关键在于真诚地展现自我，与观众建立情感连接。

同时，面对自媒体平台上日益激烈的竞争环境，创作者需保持学习热情，勇于尝试新的内容形式与拍摄技术，以确保内容的新鲜度与吸引力。这样才能吸引更多潜在观众，并通过自媒体平台，打破地域和文化的局限，将作品展示给全世界观众，获得真正意义上的知识全球变现。

全球资产配置实操建议

结合2025年市场环境,我特别为大家提供了全球资产配置实操建议。这一实操建议充分整合了分散配置、工具选择、风险管理和趋势捕捉策略。

1. 分散配置策略

(1)区域分散。

1)成熟市场:美股关注价值风格(金融、必选消费);日股可布局经济复苏预期下的工业板块;欧洲股市侧重医药等防御性行业。

2)新兴市场:增配东盟(RCEP红利)和印度(中长期增长动能)相关股票。

3)地缘对冲:持有美元、日元等稳定货币资产,降低单一货币波动风险。

(2)资产类别分散。

1)核心资产:国债(40%~60%仓位)、黄金ETF(5%~10%占比)作为避险锚点。

2)卫星资产:美股科技股(关注盈利韧性)、绿色债券、REITs;另类资产如合规加密平台。

3)流动性管理:保留10%~15%现金,用于捕捉突发机会(如大宗商品价格波动)。

2. 工具选择与执行路径

(1)低门槛工具。

1)ETF/基金:全球股票型ETF(如MSCI指数基金)、QDII

基金（投资美股）、碳中和主题基金。

2）跨境理财通：便捷投资境外产品，分散汇率风险。

（2）进阶配置。

1）FOF（基金中的基金）组合：采用环球大类资产配置FOF，优选平衡型组合（年化收益10%、波动率5%）。

2）Pre-IPO项目：通过QDII基金参与人工智能、半导体等科技前沿领域的一级市场投资。

3.动态调整与风险管理

（1）定期再平衡。

每季度根据PMI（采购经理指数）、美联储利率决议调整股债比例（股票40%~60%，债券40%~60%）。

（2）风险对冲。

1）汇率对冲：增持美元资产对冲人民币波动，增持日元应对套息交易逆转。

2）信用风险控制：美信用债优选高评级品种，警惕企业基本面恶化。

4.长期趋势锚定

（1）科技革命：聚焦人工智能算力、量子计算、数字经济等领域的全球头部企业。

（2）绿色转型：配置光伏/储能产业链、碳资产及数字基建REITs。

（3）供应链重构：关注受益于区域经济合作的制造业和物

流企业。

5. 注意事项

（1）政策合规：跨境投资需符合QDLP（合格境内有限合伙人）额度限制，关注数字货币监管动态。

（2）成本控制：选择费率低于0.5%的ETF，避免高频调仓产生过多交易成本。

（3）专业辅助：复杂策略（如宏观对冲、多空策略）建议咨询专业机构。

以上策略可结合个人风险承受能力和资金流动性需求调整，对较有时效性的策略，如"特朗普交易"，在实操中大家可结合实际国际形势来判断。

总体来说，通过全球化资产配置，投资者能够充分利用全球市场的增长潜力，并降低单一市场风险的影响。跨境进行资产配置，不仅是现代投资者应对不确定经济环境的有效途径，更是保证财富稳步增长的重要策略。在全球化的时代，每一位投资者都应该站在更广阔的视野中，规划自己的财富未来。

5.5 行动指南：四步实现老后财富无忧

在面对退休规划这一复杂而关键的课题时，每个人都期望找到切实可行的路径，确保退休后的生活质量不因经济问题而打折。

在本章最后，我系统梳理实现退休后财富无忧的核心策略与实用工具，旨在为读者提供一份详尽、可操作的行动指南。

1. 退休收入规划

（1）RSQ评估。

运用退休收入可持续系数（RSQ）对自身退休收入计划进行全面评估。明确收入中年金化与非年金化部分的比例，结合生命表、经济条件及个人因素，借助专业金融机构或风险顾问的力量，精准测算资产组合破产概率，从而得出RSQ数值。

根据RSQ数值，我们可随时做出如下调整：

1）RSQ ≥ 95%：计划稳定，可继续执行。

2）50% ≤ RSQ < 95%：考虑增加年金化收入，如购买商业养老年金保险。

3）RSQ < 50%：全面复盘退休计划，减少开支，推迟退休年龄；调整投资组合。

（2）多元化收入来源。

1）年金保险：将一部分养老资产配置为年金保险，锁定长期稳定现金流，弥补资金缺口，尤其适合风险承受能力较低、追求稳定收入的退休者。

2）企业年金与职业年金：积极了解所在单位的企业年金或职业年金制度，主动参与，增加退休后的收入来源。与企业沟通，争取更合理的缴费比例和权益保障。

3）创造收入的工作：退休后选择适合的脑力劳动工作，如咨询、培训、写作等，凭借专业经验与技能持续创造价值。这类工作无须大量本金投入，且具有一定技术门槛，能为退休生活增添经济保障与生活意义。

2. 投资组合科学构建

（1）ETF投资。

1）分散投资：根据自身风险承受能力，合理配置股票型、债券型、商品、货币型及跨境ETF。如稳健型投资者可重点配置大盘蓝筹股ETF，激进型投资者可适当增加新兴市场股票ETF的比例。

2）长期持有与定期定投：采用长期持有策略，享受ETF所跟踪指数的长期增值收益。同时，结合定期定投方法，平滑市场波动风险，降低投资成本。例如，每月定投一定金额的宽基ETF，如沪深300ETF。

3）关注费用与流动性：选择管理费用低、流动性好的ETF产品，减少投资成本。关注ETF的成交量、折溢价情况等指标，确保交易的便利性和价格的合理性。

（2）REITs投资。

1）选择优质项目：优先投资于具有稳定租赁状况、位于优质地段的商业物业REITs（如一线城市核心商圈的购物中心、写字楼）以及受益于电商发展、物流需求增长的物流REITs。

2）分散风险：将REITs投资与其他资产类别相结合，如搭配股票、债券等，构建多元化的投资组合，降低单一资产波动对整体财富的影响。

3）长期视角：REITs具有稳定的现金流和抗通胀特性，适合长期持有。投资者应关注其长期收益表现和资产增值潜力，而非短期市场波动。

（3）退休债券投资。

1）合理配置比例：根据个人风险偏好和财务目标，确定债券在投资组合中的比重。如保守型投资者可将50%~70%的资产配置于债券，平衡型投资者可配置30%~50%。

2）选择合适的债券品种：国债作为最安全的债券品种，适合风险承受能力较低的退休者；公司债券则可提供相对较高的收益，但需关注发行企业的信用状况。此外，还可适当配置地方政府债券、政策性金融债等。

3）构建债券梯：通过购买不同期限的债券，构建债券梯，实现资金的有序流动和收益的稳定性。如分别购买1年期、3年期、5年期的债券，每年都有债券到期，既满足短期资金需求，又能享受长期债券的较高收益。

3. 应对物价上涨策略

（1）黄金投资：将黄金作为资产配置中的重要组成部分，抵御通胀风险。可通过购买实物黄金、黄金ETF、黄金期货等多种方式进行投资。黄金投资比例可根据个人风险承受能力和通胀预期进行调整，一般建议占总资产的5%~15%。

（2）股票与房地产投资：股票市场的长期增值能力以及房地

产的保值增值属性，使其成为应对通胀的有效工具。投资者可选择具有稳定业绩和成长潜力的蓝筹股，或投资于房地产相关资产（如REITs）。同时，关注市场动态，适时调整投资组合，以适应通胀环境下的资产变化。

（3）通胀挂钩债券：投资与通胀挂钩的债券，如美国的TIPS（通胀保值国债），其本金和利息会随着通胀率的上升而增加，能有效保障投资者的实际收益。

4. 全球化资产配置

（1）跨境ETF投资：利用跨境ETF，便捷地参与全球不同市场的投资。根据全球经济形势和市场表现，选择投资于美国、欧洲、亚洲等主要市场的跨境ETF，分散单一市场风险，获取更广泛的投资机会。

（2）海外养老目标基金与REITs：海外养老目标基金根据投资者年龄和风险承受能力自动调整资产配置，省心省力；海外REITs则提供全球范围内的不动产投资机会，享受不同国家或地区的房地产市场收益。

（3）知识与技能的全球变现：借助互联网平台，将个人专业知识、技能和经验转化为全球范围内的经济收益。如在自媒体平台分享见解、创作内容，或通过在线教育平台开展课程教学，实现知识的全球传播与价值转化。

退休规划关乎每个人的未来生活质量，我们需将知识转化为实际行动，综合运用RSQ评估、多元化收入来源、科学构建投资组合、抗通胀资产配置及全球化布局等策略，精心打造专属的财富保障体系，让财富稳健增长，以从容应对各种挑战。相信掌握以上全面且具操作性的策略与工具后，大家都能够有条不紊地规划退休生活，实现财富的稳健增长与长期保值，从容应对长寿风险、市场波动和物价压力，真正实现老后财富无忧，安享幸福晚年。

第 ❻ 章
用红利为未来加仓

6.1 政策利好,我们该如何抓住

在社交网站上,经常可以看到有人分享各种"攻略",学习攻略、存钱攻略、新手爸妈攻略……却鲜少有人分享关于养老的攻略,这一重要的人生阶段仿佛在无形中被边缘化了。也许很多人会觉得"我现在还年轻,暂时不需要考虑养老",但养老其实和育儿一样,都需要长期且细致地规划。

我们需要早早对财务状况、居住环境、医疗保障、精神生活等多个方面进行规划,并根据环境、政策的变化不断进行调整和完善,为自己和家人的未来做好充分准备,才能保证自己在老年时过上期望的生活。

基本保障,养老底线国家兜

当我们主动打破信息壁垒后,不难发现,国家为了保障居民的养老,已经出台了一系列养老政策和社会保障政策,包括养老保险、医疗保险、长期护理保险、社会救助、养老服务等内容。

其中，基本养老保险是我国现行养老体系中最重要的支柱，关乎我们将来老了能够拿到多少钱。而我们每个月缴纳的社保中，就包括了基本养老保险、基本医疗保险、工伤保险、失业保险和生育保险。

《中华人民共和国社会保险法》第十一条规定："基本养老保险实行社会统筹与个人账户相结合。基本养老保险基金由用人单位和个人缴费以及政府补贴等组成。"单位缴纳的部分会进入统筹基金的账户，而我们个人缴纳的部分则会进入我们的个人账户。

经常听到有人担心养老金不够领，这里的"养老金"特指的是统筹基金。因为统筹基金是一个大的公共账户，是所有缴纳基本养老保险的人所共用的。你能领取到多少钱，并不等同于公司具体的缴纳数额，而是要看到时这个账户里有多少钱。人口老龄化愈加严重，也就表示缴纳养老金的人正在减少，但是领取养老金的人在逐步增多。民众难免会忧虑轮到自己退休时，这个公共账户中的钱会不会已经被领光。

其实不用担心，根据《中华人民共和国社会保险法》第十三条规定："基本养老保险基金出现支付不足时，政府给予补贴。"当基本养老保险基金统筹账户里的数额出现缺口，政府会使用财政资金给予补贴。

在持续缴纳社保的前提下，我们老了以后到底能拿到多少社保养老金呢？参考以下的这个公式：

社保养老金领取额度＝基础养老金＋个人账户养老金

此处，又出现了一个新问题，基础养老金是什么呢？基础养老金是指工作单位为我们缴纳的基本养老保险，也就是基本养老保险统筹基金，其计算公式如下：

$$基础养老金 = 地区上年度平均工资 \times (1 + 本人平均缴费指数) \div 2 \times 累计缴费年限 \times 1\%$$

地区上年度平均工资，是指我们所在的省（自治区、直辖市）上一年度在岗职工的平均工资额。由于各地区的经济发展水平、产业结构、就业状况及政策环境等方面不同，每个地区的平均工资额呈现出显著的差异。由表6-1可知，东部地区的平均工资高于其他地区。这一数据其实和我们的养老金额息息相关，因为我们领取养老金的地区平均工资越高，我们的养老金就会越多。

表6-1 2023年分区域分岗位就业人员年平均工资

（单位：元）

区域	规模以上企业就业人员	中层及以上管理人员	专业技术人员	办事人员和有关人员	社会生产服务和生活服务人员	生产制造及有关人员
合计	98096	198285	140935	89502	75216	75463
东部地区	107589	229562	160098	100270	82236	76955
中部地区	79159	139999	101902	70635	61313	69385
西部地区	89333	166538	118522	77371	66874	78461
东北地区	85310	159723	107961	77318	71628	73199

本人平均缴费指数，是指参保人每个参保年度的个人工资额度除以地区当年平均工资得到的比值。这个比值每年都会有一个，缴了多少年社保，就会有多少个比值。而我们在计算基础养

老金时，需要算的是缴纳年限中全部比值的平均值。其计算公式如下：

本人平均缴费指数＝各缴费年度缴费工资与社平工资比值之和÷缴费年限

你的工资越高，你的平均缴费指数也就越高。如果你不确定自己所在地区每年平均工资的数额，或者不清楚自己计算的年度平均工资与人力资源社会保障部门登记的数额是否一致，有一个办法可以一劳永逸，那就是直接到人力资源社会保障部门查询或打印本人历年的缴费指数，有详细的记录可供查询打印。

对比基础养老金，个人账户养老金的计算就要简单得多，计算公式如下：

个人账户养老金＝个人账户储存额÷计发月数

顾名思义，个人账户储存额就是个人缴纳的基本养老保险费用的累积总额。计发月数则是基于当时的人口平均寿命与退休年龄之差计算得出的月份数，用于确定在达到人口平均寿命前，我们还能领几个月的养老金，并将其用于计算每月可从个人账户中领取的养老金份额。

可能有些读者朋友看完了以上内容后，还是不知道怎么计算自己的养老金。那么，让我们来参考下面程先生的例子，按照这个流程将自己的一些数据带入计算。

李先生是一名设计师，他23岁毕业后便来到一线城市工作，一直到60岁退休都没有离开这座城市。他刚入行的时候，月薪是

12000元，退休时已经涨到了50000元，年均涨幅约为6%。为便于计算，我们将其平均月薪35000元作为基数。每月，李先生按照8%的比例缴纳基本养老保险，即每月缴纳2800元，年缴费额度为33600元，共计缴纳了37年。

（1）个人账户养老金计算。

李先生的个人账户储存额：33600×37=1243200（元）。

计发月数：假设李先生60岁退休时，计发月数为180个月（平均寿命按照75岁估算）。

个人账户养老金：1243200÷180≈6907（元/月）

（2）基础养老金计算。

李先生所在的城市为一线城市，参考深圳市的数据，见表6-2。2023年在岗职工月平均工资为14553.33元。

表6-2 深圳市2016—2024年发布的社会平均工资情况

发布时间/年	对应年份	在岗职工年平均工资/元	在岗职工月平均工资/元	在岗职工月平均工资的60%/元
2024	2023	174640.00	14553.33	8732.00
2023	2022	164754.00	13729.50	8237.70
2022	2021	155563.00	12963.58	7778.15
2021	2020	139436.00	11619.67	6971.80
2020	2019	127757.00	10646.42	6387.85
2019	2018	111709.00	9309.08	5585.45
2018	2017	100173.00	8347.75	5008.65
2017	2016	89757.00	7479.75	4487.85
2016	2015	81034.00	6752.83	4051.70

李先生的平均缴费指数为：35000÷14553.33≈2.4。

基础养老金部分每月领取额度为：14553.33×（1+2.4）÷2×37×1%=9154.04（元）。

（3）社保养老金领取额度。

6907+9154.04=16061.04（元）。

如果李先生过了75岁以后依旧在世，那么他还可以继续领取基础养老金，也就是每月能够领取9154.04元（个人账户养老金已经领完了，无法再领取）。

以上的案例基于当前假设条件进行估算，实际领取金额可能因政策调整、工资增长情况等因素而有所变动。在目前的养老政策下，我们想要多领取一些养老金，可以从四个方面入手：选择平均工资水平高的地区工作、缴纳社保；努力提高自己现有的工资水平；在合理的范围内，增加缴纳社保的年限，一定不漏缴；提高基本养老保险中个人缴纳部分的数额。

时代红利，机遇政策无限好

随着社会的不断发展和人口老龄化的加剧，养老问题日益成为社会各界关注的焦点。除了继续加强养老金方面的基础保障，国家还在不断出台和完善各类养老政策。近期，一系列新的养老政策利好相继传来，为老年人带来了更多的福祉。

据财联社报道，2025年将提高城乡居民基础养老金，适当提高退休职工养老金水平，超过3亿人受益。此后，财政部确定城乡居民基础养老金月最低标准提高20元，达到143元/月，增加的金额和2024年一样，各地还可以在这个基础上进行调整。同年3月7日，便已经有8个地方宣布提高城乡居民基础养老金。

甘肃省张掖市肃南县2025年将县级基础养老金标准提高了40元，从135元提高到175元，最终让肃南县城乡居民基础养老金标准达到了每人每月328元。而在全国标准又涨了20元的基础上，肃南县城乡居民基础养老金将达到348元。如果省级基础养老金和市级基础养老金也上涨，那每月的基础养老金会继续提高。

除了在养老金调整上发力，灵活就业人员养老保险政策也得到了优化。2025年1月7日，国家发展改革委印发的《全国统一大市场建设指引（试行）》正式公布。其中明确提出有关部门要健全统一规范的人力资源市场体系，完善就业公共服务体系，建设全国就业公共服务平台，健全全国统一的社保公共服务平台，全面取消在就业地参保户籍限制，完善社保关系转移接续政策。同时要求，各地区不得在户籍、地域、身份、档案、人事关系等方面设置影响人才流动的政策性障碍。这一举措使得灵活就业人员可以根据自身情况，在所工作的非户籍城市进行养老保险参保，并进行自主缴费。这无疑为那些没有固定单位的灵活就业人员提供了更多的便利和保障。

另外，在养老服务体系建设方面，民政部正全力推动养老服务的发展。2025年3月9日下午，十四届全国人大三次会议举行民生主题记者会，民政部部长表示，将从五方面深化养老服务改革发展。一是加快健全城乡三级养老服务网络；二是贯通协调居家、社区、机构三类服务形态；三是按照兜底、普惠、市场分类推进养老机构改革；四是构建政府、市场、社会三方协同机制；

五是强调养老规划、财政支持、人才队伍建设、养老金融、养老科技，特别是信息化发展运用等六方面要素保障措施。这一系列举措，为养老服务体系建设勾勒出清晰路径，让老年人的未来更有保障。

而在失能老年人照护方面，国家也取得了明显的成效。2024年9月10日在第十四届全国人民代表大会常务委员会第十一次会议上民政部部长受国务院委托，发表了《国务院关于推进养老服务体系建设、加强和改进失能老年人照护工作情况的报告》，报告指出，将失能老年人照护纳入养老服务体系建设重点，坚持优先发展、倾斜支持、系统推进，失能老年人照护工作取得明显成效。比如，着力提升养老机构照护能力，累计投入中央预算内资金193亿元，重点支持公办养老机构提升照护能力。截至2023年底，全国养老机构护理型床位占比提升至58.9%，提前完成"十四五"规划目标任务，养老机构收住的老年人中67%为失能老年人。这些举措，将极大提升养老机构的照护能力，丰富居家社区照护的内容，推进普惠照护服务保障，并加强照护要素的支撑。

面对这些利好的养老政策，我们如何抓住它们呢？

1. 优化参保：阶梯式提升养老金基数

针对灵活就业者可跨省参保、自主选择缴费基数（60%~300%社平工资），城乡居民养老金最低标准再增20元/月的政策要点，行动方案如下。

（1）灵活就业者"黄金组合"。①基础档：按60%基数缴纳职工养老保险（月缴约700元），叠加城乡居民医保（年缴380元）。

②进阶档：收入超个税起征点者，同步开通个人养老金账户（年缴1.2万元抵税5400元）。

（2）农村户籍"双轨并行"。参加城乡居民养老保险（年缴5000元档，政府补贴100元）+流转土地经营权（年收益约3000~8000元），双重增收养老储备。

2. 精准选址：锁定三级养老网络核心区

针对民政部明确构建"县—乡—村"三级养老服务网络，形成"一刻钟"养老服务圈的政策要点，优先选择已布局的地区定居或工作，可享受便捷的"家门口"养老服务。具体行动方案如下。

（1）优先定居政策先行区。选择已布局县级综合管理平台（统筹资源）、乡镇区域性养老服务中心（提供助餐/助医等基础服务）、社区嵌入式养老服务站（如日间照料中心）的城市或县城。例如深圳、杭州等试点地区已实现社区养老顾问全覆盖。

（2）关注"公建民营"机构布局。查询民政部公布的星级养老机构名单（2024年新评级系统上线），优先选择国企改制或政府补贴的普惠型养老社区，如北京首开寸草养老院（月费低于区域平均工资30%）。

3. 数字工具：打通政策适配全链路

针对人力资源社会保障部推动"全国社会保险公共服务平台"升级，实现养老金测算、跨省转移等一键办理的情况，我们可以采取以下行动方案。

（1）社保账户"两查一算"。①查缴费记录：登录平台核对历年缴费基数是否与工资匹配（避免企业少缴）。②查转移接续：确认跨省就业时养老/医疗保险是否无缝衔接（影响退休地选择）。③测养老金：输入预计退休年龄、工资涨幅等参数，生成个性化领取方案（误差率<5%）。

（2）绑定"民生服务码"。实时接收属地政策推送（如杭州灵活就业者参保返现40%），设置"高龄津贴申领""长护险申请"等节点提醒。

4. 惠民平台：打破养老信息壁垒

除了政策要点，我们还需要充分发挥自身能动性，积极获取信息，主动做好养老规划。我们可利用互联网平台来及时了解国家养老政策的最新动态和解读。通过政府部门官方网站（如人力资源和社会保障部官网、民政部官网）、权威新闻媒体等渠道，我们可以获取最准确、最权威的政策信息和解读。以下是打破信息壁垒的几种路径。

（1）政府平台"一网通查"。通过"国家社会保险公共服务平台"实时查询个人跨地区缴费记录、养老金测算、适老化改造补贴政策。例如，输入缴费年限和地区平均工资，系统自动生成个性化领取方案。

（2）社区及养老机构"前置咨询"。积极参与乡镇养老服务中心提供的免费规划服务（如助老员上门解读政策），一线城市试点"养老管家"制度（持证专员定制全周期方案）。例如，2024年北京市朝阳区指导辖区养老机构通过与社区中心、医院签约协作等方式强化医养一体服务全覆盖。

（3）金融机构"精准适配"。较多银行App增设了"养老金融实验室"功能（如光大银行"乐游学堂"），在输入年龄、收入、风险偏好后，就可为我们生成"社保+商业保险+投资"的组合建议。另外，高净值群体还可预约私人银行养老信托服务。

（4）政策动态"定向推送"。关注人力资源和社会保障部"民生服务码"小程序，绑定个人信息后获取自动推送的属地化政策（如灵活就业参保补贴、高龄津贴申领节点）。例如，杭州市对灵活就业者缴纳职工养老险给予40%返现。

总之，国家养老政策的不断出台和完善为老年人带来了更多的福祉。我们应该密切关注这些政策的动态，积极利用政策红利来规划自己的养老生活。

进阶红利，锁定老年友好型社区

除了基础养老保险以及一些宏观政策，政府也采取了一系列具体措施来提高老年人的生活质量、促进养老服务业的发展。这些政策涵盖了广泛的领域，包括居家与社区养老、机构养老、照护服务、康复服务、智慧养老等。

在2024年，从养老金、养老服务、家庭养老、适老化、保险、老年友好型社会6个方面向老年人释放出了友好的信号，见表6-3。

表 6-3　与养老相关的信息

方面	内容
养老金	城乡居民基础养老金月最低标准提高20元
	继续提高退休人员基本养老金
	完善养老保险全国统筹
养老服务	加强城乡社区养老服务网络建设
	加大农村养老服务补短板力度
	加强老年用品和服务供给
	大力发展银发经济
	加快补齐儿科、老年医学、精神卫生、医疗护理等服务短板
家庭养老	提供家庭适老化改造
	建设智慧型家庭养老床位
	提供上门服务助餐助洁助医助浴
	为空巢老人、孤寡老人建立探访关爱制度
适老化	推动解决老旧小区加装电梯、停车等难题
	加强无障碍环境、适老化设施建设
	打造宜居、智慧、韧性城市
	加强健康、养老、助残等民生科技研发应用
保险	在全国实施个人养老金制度
	积极发展第三支柱养老保险
	推进建立长期护理保险制度
老年友好型社会	大力推进老年友好型社会建设
	弘扬中华民族孝亲敬老的传统美德
	引导全社会尊重老年人、关心老年人、帮助老年人
	维护老年人权益，落实老年人各项优待政策

"衣食住行"作为人类生活的基本需求，与老百姓的联系无疑是最为紧密的。随着社会的老龄化趋势日益显著，如何确保老年人在这些基本生活领域得到充分的关怀与照顾，成了社会发展的重要议题。我国政府对"建设老年友好型社区"的支持与重视，正是对这一社会需求的积极回应。而基层也积极响应号召，推动友好社区建设，以最大限度保障老年人得到关怀与照顾。福州市鼓楼区屏山社区就是一个比较典型的案例。

福州市鼓楼区屏山社区积极响应"建设老年友好型社区"的号召，在社区内建立了800平方米老人食堂，为老人提供多样化餐品，并利用"e福州"平台，实现便捷助餐服务。用餐时间结束后，食堂则变身"学堂"，教授老人们使用智能手机或者其他技能，丰富老人生活。

除了日常的生活照料和学习娱乐，屏山社区还推出了"六助一护"综合服务体系，旨在全方位满足老年人的多样化需求。从日常的生活帮助到健康医疗的关怀，从精神慰藉到紧急救援的保障，每一项服务都细致入微，让老年人感受到了社区的温暖与关怀。

此外，"老来俏"艺术团更是成了社区文化的一张亮丽名片。这支由平均年龄65岁的老人们组成的艺术团，用他们的热情和才艺，为社区带来了一场场精彩的表演。这些活动不仅让老人们找到了展示自我的舞台，还促进了代与代之间的交流与理解，让社区更加和谐美好。

老年友好型社区正在向更加综合化、个性化的方向演进。随着高端养老社区和"医养康养结合"模式的崛起，例如，像"泰康之家"这类新型高端养老社区，不仅提供医养结合的照护模式，还引入健康管理、生活方式干预、精神关怀等服务，让老年人在拥有安全感的同时，享受更高品质的生活。这一模式的融入，丰富了老年友好型社区的内涵，也让养老服务真正具备了可持续发展力。

随着人口老龄化的趋势加剧，我们必须密切关注社会发展的趋势与政策导向，并据此做出有前瞻性且最为合理的规划。从个人到家庭，再到社会层面，全方位地应对老龄化挑战。

6.2　AI理财：科技红利如何帮你赚更多

在科技日新月异的时代，AI（人工智能）宛如一场来势汹汹的风暴，毫不留情地席卷并重塑着各行各业，金融领域更是首当其冲，被其强大的力量改写着游戏规则。

AI理财作为金融科技领域的先锋利刃，正以其独树一帜的创新模式与出神入化的智能算法，为投资者硬生生地开辟出一条高效、精准且个性化的财富增长高速路。

AI理财的超倍效能

AI技术在金融领域深耕细作，它一头扎进海量金融数据的海洋里，深挖、细究、建模，只为给每一位投资者打造出一份独一无二的专属理财规划。

就拿数据处理速度来说,证券市场每日产生的数据量多达数太字节,要是靠传统人工分析,很难在短时间内理出个头绪。但AI眨眼间就能处理完毕,精准揪出隐藏在复杂数据背后的市场趋势和投资机会。

此外,在高频交易领域,AI驱动的交易系统更是能在毫秒级的时间内做出交易决策,传统模式与之相比,就像是龟兔赛跑里的乌龟和兔子。

再谈谈预测精准度,机器学习算法赋予了AI理财一双"慧眼"。通过对历史数据、宏观经济指标、行业动态等海量信息的深度学习,它能提前预判市场的涨跌走向,帮助投资者更好地优化投资组合。譬如,美国资产管理集团贝莱德(Black Rock)的Aladdin平台,融合了AI与大数据技术,专攻风险评估与投资分析,为投资经理提供决策支持。该平台每天执行超过5000次投资组合压力测试,每周进行1.8亿次期权调整计算,帮助投资者更好地管理风险和优化投资组合。

在个性化服务方面,AI理财更是把投资者捧在手心里。根据投资者的年龄、收入、家庭状况、风险偏好等详细信息,AI理财平台迅速构建出精准无比的用户画像,然后像个贴心的私人管家一样,从琳琅满目的投资产品中,精心筛选出最适合的组合。

在这一点上,蚂蚁金服表现亮眼。蚂蚁金服的智能投资顾问会利用人工智能和大数据分析技术,为用户提供个性化的投资建议。用户在使用服务时,需要回答关于投资目标、风险偏好、财务状况等方面的问题。智能投资顾问根据这些信息,利用AI算法和大数据分析,为用户制定包含股票、债券、基金等多种资产类别的个性化投资组合建议。并且，它还会实时监测市场变化和用户的投资组合表现，及时调整投资组合，以确保其始终符合用户的需求。

反观传统理财模式，理财顾问、散户投资者的决策基本靠个人经验、主观臆断以及有限的信息。一旦市场波动剧烈，情绪这个"魔鬼"就会跑出来捣乱，干扰决策，追涨杀跌等非理性投资行为屡见不鲜。

譬如，此前在房地产调控政策收紧、市场预期逆转的背景下，某房地产龙头股的股价开始下跌。一些投资者凭借过去的经验，认为房地产行业始终是经济的支柱，股价会很快反弹，于是选择继续持有甚至加仓。然而，由于政策的持续影响和市场的变化，股价继续下跌，这些投资者最终不得不"割肉"离场。

又譬如，2022年，A股某新能源龙头股的股价"腰斩"时，73%的散户选择"割肉"离场，而机构则逆势加仓。最终，这些散户投资者因基于个人经验做出决策，缺乏对市场长期趋势的理性判断，而错失了好机会，逆势加仓的机构则在此后赚得盆满钵满。

在投资领域，情绪冲动造成的不确定性和损失如此之大！

而AI理财借助大数据和算法模型，实现了数据驱动的决策过程。它就像一个没有感情的投资机器，不受情绪波动干扰，能对市场信息进行全面、客观的分析。

以量化投资策略为例，AI通过对海量金融数据的反复回测与优化，构建出稳健的投资模型，在不同市场环境下都能保持相对稳定的收益表现。过去5年间，部分量化投资基金的年化收益率在扣除管理费用后，仍稳稳保持在12%~15%，同期多数传统投资产品望尘莫及。如幻方[一]旗下的幻方量化[二]，在2024年整体表现分化，以12.18%的收益率均值和13.02%的中位数位列百亿私募第19名。旗下65只基金中，29只股票量化多头策略基金年内涨幅超过10%，如财信信托—幻方指数增强7号收益率达17.94%。

由此可见，AI理财平台凭借对市场的实时监控与动态调整能力，为复利效应的发挥搭建了完美舞台。

在投资这场马拉松里，平台时刻紧盯市场变化，及时调整资产配置比例，确保投资组合始终处于最佳状态。股票市场上升，它果断增加股票资产配置权重；市场出现下行风险，立马降低风险资产比例，转而配置更多债券或现金等价物。就这么一步步精心操作，使得资产的增值不光是本金的增长，并且收益再投资带来的复利增长更是惊人。

长期来看，复利效应能让资产像滚雪球一样，越滚越大，实现指数级增长。拿10万元本金来说，假设年化收益率为10%，30年后，这笔资产就能利滚利达到174.49万元；要是年化收益率提升至15%，30年后，这笔资产更是能飙升至662.12万元。

这就是AI理财实现财富长期积累的魔法。下面介绍我身边一位客户朋友的亲身经历。

[一] 幻方是一家专注于AI量化交易的投资管理公司，拥有强大的研发平台、数据科学团队和卓越的业绩。

[二] 幻方量化是幻方AI的一部分，专注于利用AI技术进行投资策略的研发和实践。

35岁的企业中层管理者李先生，2018年初踏上AI理财之旅。初始投资50万元，平台根据他的财务状况、风险承受能力以及未来养老规划等需求，制定了多元化投资组合，涵盖股票型基金、债券基金、黄金等资产。

接下来两年，市场起起落落，像坐过山车。

2018年股票市场整体下跌，AI理财平台反应迅速，及时降低股票型基金配置比例，增加债券基金持有量，成功帮李先生避免了资产大幅缩水。2019—2020年股票市场反弹，平台又适时提高股票型基金权重，使李先生的资产一路狂飙。

到2023年底，他的投资账户资产已增长至85万元，年化收益率高达11.8%，远超同期市场的平均水平。

攻守兼并，"AI理财+保险"新打法

身为一名保险行业从业者，各种AI工具的出现，如同"神兵利器"，为我拓展业务、提升服务水平提供了前所未有的机遇。

新致软件[一]的智能风控机器人，能通过对海量数据的实时分析，在瞬间识别潜在风险点。在理赔环节，它在几秒内就能对理赔案件的真实性、合理性做出评估，有效防范保险欺诈行为。使用后，保险企业的理赔欺诈率降低约30%，理赔处理效率提高

[一] 新致软件成立于1994年，是一家软件和信息技术服务提供商。新致软件专注于向保险公司、银行等金融机构及电信、汽车、医疗等其他行业的终端客户提供IT解决方案、IT运维服务，以及向一级软件承包商提供软件项目分包服务。

50%以上。

麦肯锡利用AI技术驱动的客户细分方法,整合客户交易历史、消费行为、社交媒体活动等多源数据,为客户打造360°无死角画像。基于这些画像,保险企业便能为不同客户群体量身定制个性化保险产品与服务。

大都会人寿㊀的AI客户细分系统,能依据50多个维度变量对客户进行细分,从生活方式到消费偏好,再到财务状况。通过使用这一细分系统,让保险代理人能精准把握客户需求,实现产品精准推荐,提供高度个性化的保险产品,并在18个月内将新保单销售额提高了12%。

GEICO㊁的AI虚拟助手Kate,能以自然语言处理方式与客户亲切交流,快速解答客户关于保险产品、理赔流程、账单查询等常见问题。自推出以来,客户服务体验直线上升,客户服务电话减少了20%,客户满意度评级提高了15%。此外,Kate还帮助客户流失率降低了10%。

保诚金融㊂的AI推荐系统,利用深度学习算法对客户数据进行分析,为客户定制专属人寿保险产品组合。这种个性化服务在2年

㊀ 全称中美联泰大都会人寿保险有限公司,是一家提供意外保险、定期寿险、年金保险等服务的保险公司,拥有多个城市的销售渠道和顾问团队。

㊁ GEICO是美国第四大汽车保险公司,是沃伦·巴菲特的伯克希尔·哈撒韦(Berkshire Hathaway)投资公司的合伙人。

㊂ 全称英国保诚集团,在1848年创立,当时命名为英国保诚投资信贷保险公司(Prudential Investment, Loan, and Assurance Company),业务以人寿保险为主。

内使交叉销售机会增加了17%，客户保留率提高了18%。[1]

从上文中我们可以发现一个现象：众多大型保险公司都在利用AI，将理财与保险结合起来，为了打造一套系统化、全流程的"保姆式"增值服务。身为保险从业者，我非常理解这一做法。就养老来说，我们的财富一定是需要结合未来趋势来规划的，未来充满不确定性，保险是为了防范风险，理财是为了增强底气。如今，人们对生活品质的追求越来越高，在未来养老规划方面更不会落后，因此，从本质上来说，这是一种必然趋势。

那么，"AI理财+保险"这种打法需要怎样实施呢？接下来，我就从保险从业者的角度来为大家分享，如何利用AI工具规划我们的未来风险对抗计划。

第一步：选择AI工具

选择合适的AI理财平台和工具是基础工作。好的工具应该具备以下特点。

- 简洁直观的操作界面：界面设计友好，操作流程简单，让理财新手也能轻松上手。
- 可视化图表展示：平台的投资组合展示应采用可视化图表，让用户一眼就能看清各项资产配置的比例和收益情况。
- 高效的数据处理能力：能够处理拍字节级金融数据，并对全球金融市场的各类数据进行实时采集、清洗和分析。

---

[1] 数据来源：https://m.gelonghui.com/p/1791531。

- **灵活的算法模型**：算法模型应能够根据市场变化及时调整投资策略，以适应不同的市场环境。
- **强大的风控体系**：采用多重风险评估模型，对投资项目的信用风险、市场风险、流动性风险等进行全面评估，并设置实时风险预警机制，确保资金安全。

第二步：构建客户画像

利用AI技术整合客户多维度数据，构建精准客户画像。

- **多源数据整合**：整合客户交易历史、消费行为、社交媒体活动等多源数据，全面了解客户需求和偏好。
- **客户细分**：基于数据挖掘和机器学习算法，对客户进行细分，识别不同客户群体的风险承受能力、投资目标和产品偏好。
- **个性化推荐**：根据客户画像，为不同客户群体量身定制个性化的保险产品与服务，提高客户的满意度和忠诚度。

第三步：制定投资策略

根据客户画像和市场情况，制定科学合理的投资策略。

- **资产配置优化**：利用AI算法对不同资产类别进行优化配置，平衡风险与收益，确保投资组合的稳定性和收益性。
- **动态调整**：实时监控市场动态，根据市场变化及时调整投资组合，以适应市场波动，降低投资风险。
- **风险控制**：设置风险阈值，当风险指标超过阈值时，自动触发风险预警机制，采取止损、调整投资组合等措施，确保资金安全。

第四步：执行与监控

将投资策略付诸实践，并持续监控投资组合的表现。

- 自动化执行：利用 AI 工具自动执行投资决策，提高执行效率，减少人为错误。
- 绩效评估：定期评估投资组合的绩效，包括收益、风险、资产配置等方面，及时发现问题并进行调整。
- 客户沟通：与客户保持密切沟通，及时向客户反馈投资组合的表现，增强客户信任和满意度。

第五步：定期回顾与调整

每季度末与客户一起对投资组合进行全面"体检"。

- 全面评估：对投资收益、风险指标、资产配置比例等进行全面评估，找出问题和不足。
- 对比分析：对比实际收益与预期收益的差距，分析原因，判断是因为市场环境变化还是投资策略执行不到位。
- 策略调整：根据季度评估结果和市场变化趋势，及时调整投资策略。如市场宏观经济政策调整、行业竞争格局改变，或者客户收入增加、家庭结构变化等，都要及时优化投资组合，确保始终符合客户的实际需求和风险承受能力。

在 AI 理财的浪潮中，科技红利不是未来的选择，而是现在的行动。还没有接触 AI 的金融或保险从业者，张开双臂积极拥抱科技变革吧！不断提升自身专业能力，将 AI 技术融入保险业务，为客户提供更全面、优质、个性化的金融服务，或许你能开辟一条适合自己发展的新道路。

6.3 技能红利：职业价值永不"退休"

职业技能，在如今这个社会早已不是勉强糊口的"铁饭碗"，而是一把能够开启财务自由大门的钥匙。

人工智能和自动化技术如汹涌潮水般袭来，传统工作模式正遭受着前所未有的冲击与挑战。然而，千万别慌！正如巴菲特那句点醒无数人的话："最好的投资就是投资自己。"

持续学习、不断提升和多元化自身的职业技能，已然成为保障长期收入稳定增长、推动职业发展"一路长虹"的不二法门。

在如今这个信息爆炸的时代，知识的更新换代如同闪电般迅速。仅仅掌握单一领域的技能，就如同在战场上拿着一把过时的武器，根本无法应对层出不穷的新挑战。

掌握跨领域的技能，诸如编程、数据分析、数字营销等，才是让我们在职业生涯中披荆斩棘、不断突破的关键。编程，这门新时代的"通用语言"，可以帮助我们与计算机高效对话，实现自动化操作，极大地提高工作效率。数据分析技能则能让我们从海量的数据中挖掘出有价值的信息，为决策提供有力支持。数字营销更是在互联网时代成为企业发展的核心驱动力，掌握它就等于掌握了连接市场与客户的桥梁。

想想看，当身边的人还在为适应新的工作要求而焦头烂额时，你却能凭借跨领域的技能轻松应对，脱颖而出，这种感觉是不是无比畅快？持续学习，就是在为自己的未来积累财富，让自己拥有更多选择的权力，永远立于不败之地。

你以为技能只能用来换取一份固定工资吗？大错特错！技能的价值远不止于此。

通过演讲、写作、开设在线课程等方式，我们完全可以将自身技能转化为被动收入，实现财富的多元化增长。让技能成为一台永不停歇的"印钞机"，源源不断地为我们创造财富。

下面是我身边的一个朋友李明的事例。

李明作为一位资深的市场营销经理，拥有超过十年的丰富行业经验。但他并没有满足于此，而是始终保持着对学习的满腔热情，不断提升自己的专业技能。

当数字营销的浪潮汹涌来袭，李明敏锐地察觉到其中的机遇，主动学习了SEO（搜索引擎优化）、SEM（搜索引擎营销）等新兴技能，并巧妙地将其应用于工作中。

结果，他的业绩如同火箭般直线上升，成为公司里的"明星员工"。

然而，他的野心不止于此。他利用业余时间，将自己多年积累的营销经验和学习到的新知识整理成一篇篇精彩的文章，在社交媒体上无私分享。

渐渐地，他的才华吸引了大量粉丝的关注。

随后，他将这些内容精心整理成在线课程，在各大平台上线销售。没想到，课程一经推出，就受到了热烈欢迎，为他带来了可观的被动收入。

就这样，他通过不断提升自身技能并将其转化为资产，成功实现了财务自由，过上了自己梦寐以求的生活。

这就是技能变现的魅力。只要你有想法、有行动，你的技能就能为你创造出无限可能。

别再把目光局限在本行业内的技能提升上了，勇敢地跨出舒适区，去探索其他领域的知识和技能吧！

每年为自己设定一个明确的学习目标，并一步一个脚印地去实现它。相信我，每一次的学习都是一次自我提升，都是在为你的未来积蓄能量。

根据LinkedIn⊖的《2023年全球人才趋势报告》显示，拥有多元化技能的专业人士，其职业发展的机会和薪资水平明显高于单一技能的从业者。这意味着，你每多掌握一项技能，就离成功更近一步。

再看看Statista⊖的数据，全球在线教育市场预计在2025年达到3250亿美元，这是一个多么庞大的市场！

它为我们这些有意将技能转化为被动收入的专业人士提供了

⊖ LinkedIn，中文名"领英"，是一个面向职场的社交平台。

⊖ Statista，全球领先的数据统计网站，由200多位统计学家、数据库专家、分析师和编辑人员组成。

广阔的舞台和无限的可能。

在这个充满机遇与挑战的时代，持续学习和技能的多元化已成为退休后职业发展的必由之路。

在此之前，大众在退休后再就业的选项往往局限于"退休返聘"这一较为传统的模式，以及那些相对清闲、对体能要求不高的岗位，比如社区志愿者和保洁人员。二者相较而言，退休返聘能够让我们继续发挥专业知识和技能，延续职业价值，同时享受更稳定的工作环境和福利待遇，保持社会联系和自我认同感，还能带来一笔稳定的收入，但是这种方式也存在明显的局限性。

张老师是一位拥有丰富教学经验和教学成果的退休教师。在退休后，她以返聘教师的身份回到学校，继续在讲台上发光发热，向学生传授知识。

张老师的丈夫老李，在一家大型企业担任行政经理，今年也正式退休了，他也想像妻子一样回到公司继续工作。可是企业更倾向于招聘年轻、有活力的新员工来填补空缺，以"暂时没有需求"为理由回绝了老李。最终，闲不下来的老李成为一名社区志愿者，凭借其多年在行政管理岗位上的经验和敏锐的观察力，将工作做得有声有色，获得了小区居民的一致好评。

这个案例告诉我们，退休返聘存在较明显的局限性。它是一个被动发生的场景，原单位必须有需求，才会对退休的员工提出返聘邀请，并且退休返聘也对经验和专业技术有较高的要求，通常发生在医疗、教育、金融或者法律等岗位上。

那么，退休人员除退休返聘之外，应如何找到自己擅长的并且能够带来收入的工作呢？

脑力劳动＞体力劳动

如前文所述，据研究结果发现：40~65岁的人，在归纳推理、语言记忆和空间感等方面的表现最为出色，其中男性脑力的最佳时期在50多岁接近60岁时，而女性的最佳时期是在60岁之后。而55~65这个年龄区间，正是退休的年龄。人们在这个阶段，脑力达到了一生中的巅峰。

与之形成明显对比的，是日渐孱弱的身体。科学家发现，大多数人的身体机能会在30岁前后达到巅峰，然后开始走向衰退。到了60岁这个节点后，衰老的趋势会表现得更加明显，比如出现骨质疏松、耳鸣耳背、指尖感觉迟钝。

从生理的角度出发，老人退休后更适合从事以脑力劳动为主的工作或活动，而非对身体素质要求较高的体力劳动。这样的安排不仅能够充分利用他们处于巅峰状态的脑力资源，避免在体力上过度消耗，还能促进个人价值的持续实现，提升生活质量与幸福感。

无"本"＝无风险

大多数老人在退休后，主要依靠养老金和储蓄来生活。他们没有其他渠道的收入，很容易陷入"坐吃山空"的状态，必须更加谨慎地规划和管理自己的财务。

有些追求稳健理财的老人会选择低风险投资渠道，如国债、银行理财产品或稳健型基金等。这些投资方式相对安全，能够避免本金的大幅度波动，给老人带来稳定的收入，符合他们的需求，但这种方式也存在明显局限性，比如资金的流动性弱。大部分的理财产品和基金在赎回时，需要遵循一定的时间周期或者另外支付提前赎回的费用。这意味着在紧急情况下，老人可能无法立即取回全部本金以应对突发情况。

因此，老人不能将稳健理财作为持续创收的主体，而是应该考虑参加一些兼职或者临时工作。比如，那些能够发挥他们经验和专长的工作。这样不仅能够增加收入来源，还能保持与社会的联系，提升个人成就感。同时，这些工作往往不需要大量本金投入，降低了经济风险。

老张曾经是某中学的语文老师，书法造诣很高。在退休后，他总是觉得生活很无聊，对什么事情都提不起兴致，很想念自己教书育人的日子。老张的儿子敏锐地察觉到了父亲的心事，他提议父亲可以在家里开设书法培训班。书法培训班很快就开办起来了，不少曾经被老张教导过的学生纷纷带着自己的孩子来学习。随着学员的增多，老张不仅获得了持续稳定的收入，更重要的是，他重新找回了站在讲台上传授知识的满足感和快乐感。

不要选择"重修"

从头再来的勇气是一种宝贵且强大的品质，能够帮助我们直面生活的挫折。可当人到老年时,这种方式就不大适用了,因为沉没成本太高了。假如我们随机选择一位路人,向他提问:"你愿不愿意放弃已有的知识和经验,在新的领域重新开始?"相信绝大多数人的答案是"不"。

一切归零,重新开始学习,就意味着我们会落后于早于我们进入这个领域的其他人,甚至无论我们怎么努力,也追不上其他人,因为年龄是一道巨大的鸿沟。

以医生为例,这是一个需要用一生来打磨的职业。正常人通常需要10年左右的时间,才能学习完这个职业需要掌握的知识并通过执业医生资格考试。正式上岗后,也只是一个新人,需要经过30年左右的临床学习,才能成为一名独当一面的医生。也就是说,需要40年左右才能成为一个优秀的医生。

对我们来说,退休后能享受多少个10年的生活都不好说,怎么能将不知何时才能完成的计划放到我们的退休日程中?

如果我们在某些领域已经拥有了常人无法企及的技术,就更不需要考虑重新开始,这是我们的优势,也是我们的舒适圈,我们大可选择用我们前半生习得的内容换取持续性的收入。

6.4 把握股权:用资本撬动未来

我们在退休后,之所以需要用技术换取持续性收入,是因为对于普通人而言,停止劳动就意味着失去收入,只能依靠养老金和储蓄生活,会面临"坐吃山空"的窘境。其实,还有一种方法，可以让我们不付出劳动就能获得收入，那就是成为股权的拥有者。

当你持有某家公司的股权时，只要这家公司能够持续盈利，你就能获得源源不断的收入，实现财务自由。因为股权不会随着时间的推移而失效，股东也不存在"退休"的概念。在理想状态下，你甚至可以将你的股权转让给你的子女，将这份会不断增值的财产传承下去。

而随着公司的发展和市场的变化，股票价格还可能会上涨，倘若你选择出售部分股票，将会获得资本增值收益。幸运的话，也许一次就能存够这辈子花不完的钱，提前进入退休生活。

股权投资，作为一种高效的财富增值工具，凭借其独特的复利效应，成了众多投资者和创业者的首选路径。通过持有成长型公司的股权，投资者不仅能够分享企业成长的红利，还能在时间的推移中，享受资本的增值。

股权，绝非普通的投资工具，它的魅力在于其复利效应。

就拿苹果公司来说，从2000年到2025年，其股票价格从约1美元一路飙升至237.87美元，这可不是简单的价格上涨，背后是企业多年来盈利增长、分红再投资等因素共同作用的结果，投资者的资本在这25年间竟然增长了约238倍！这就是股权复利效应的强大之处，它能让财富像被施了魔法一样，在时间的长河中不断裂变、膨胀。

巴菲特等投资大师们深谙此道，他们坚守长期价值投资的理念，耐心地长期持有优质股权，最终获得了令人注目的丰厚回报。

当股东不如当老板

想要获得股权，最直接的方式无外乎两种：一是自己成立一家公司，成为老板；二是以出资的方式入股某家目前经营良好的公司，成为股东。说起来似乎很简单，但是这两种方式前期都需要投入大量的资金。同时，创业是一个很艰难的过程，创业者无法马上获得回报，需要持续地努力，直到公司在市场上站稳脚跟、达到稳定经营的状态后，才能实现"少付出劳动就能获得多收入"的目标。

同时，创业往往伴随着巨大的风险，并非所有公司都能经受起市场风险、财务风险和技术风险等诸多风险的考验，创业者不得不面对"初战未捷身先死"的惨淡结局。而大部分创业者都是普通人，他们孤注一掷地押上自己全部的财产后，已经无力再进行下一次创业，甚至可能需要为创业失败背负巨大债务。

很多成功的企业家在分享自己的经验时，会认为自己有今天的成绩，得益于曾经将所有的积蓄用于创业，或者独具慧眼地给某家濒临倒闭的企业注资，最终获得丰厚的回报。但这其实都是幸存者偏差。

根据数据显示：2014—2023年，中国新经济创业公司关停/倒闭总量达3.24万家。2019年，关停/倒闭公司数量由2018年的2769家飙升至5715家，增幅达106.4%，创造近十年数量新高，如图6-1所示。就连知名企业、独角兽公司、行业内的明星企业也无法保证持续绩优。以曾经的"万店女王"——拉夏贝尔为例，这家昔日辉煌的企业，最终于2023年6月正式破产清算。

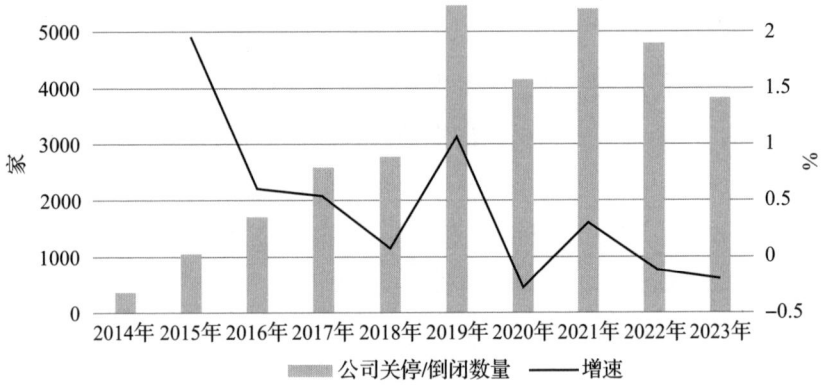

图 6-1 2014—2023 年中国新经济创业公司关停 / 倒闭数量

由上面的数据可以得出,创业的风险性是很高的。我们无法保证自己会成为成功者,还是会不幸沦为历史长河中被浪花拍打在沙滩上的微小存在。

在此,提醒大家一件事:我们创业的初衷是为了能够过上"少付出劳动就能获得多收入"的生活,最终是为了轻松养老。既然创业的风险性这么大,我们将全部身家都放在这场"豪赌"上无疑是不明智的行为。建议大家可以预留出一部分养老金,或者给自己买一份养老保险,再进行创业。

优选平台,获得股权激励

除了创业或者以出资的方式入股某家公司,我们还有一个渠道可以获得股权,那就是向公司证明自己的价值,获得股权激励。

无论是小微企业,还是上市公司,都会面临一个问题:如何将公司管理层和核心员工留住,并吸引优秀的外部人才加入?靠传统的激励方式已经不可行，大家纷纷将目光转向了股权激励。

传统意义的股权激励其实在中国起源得很早。在电视剧《乔家大院》中，晋商乔致庸给掌柜们的身股，便是我们现在所说的干股或者分红，是一种早期的激励政策。我国的企业家们是从2000年之后才开始关注这种新的激励方式，并将其应用到企业管理中，比如我国电商龙头企业阿里巴巴。

阿里巴巴为了确保公司文化和价值观的延续，以及对管理层和核心员工实施长期激励，于2010年推出了"湖畔合伙人"制度。这项制度规定：合伙人拥有超越其他股东的董事提名权和任免权，能够控制董事人选，进而决定公司的经营运作；合伙人还享有公司奖金池的分配权，通过这一机制分享公司的经营成果。同时还规定，在担任合伙人期间，个体必须持有一定数量的公司股权，以实现与公司的长期绑定。

既然市场已经验证了"股权激励"的可行性，那接下来要解决的问题就是，什么类型的公司会给我们股权，我们要如何获得股权。

很多人会陷入一个误区，只有上市公司能够实施股权激励，认为非上市公司没有股票价格，无法进行股权激励。但是从股权的内在激励性来说，非上市公司的股权激励的效果最明显，给被激励者带来的收益也会更多。尤其是有上市计划的非上市公司，上市杠杆导致的原始股效应，能够给股权持有者带来显著的财富增值。

通常以下 5 类公司，会选择使用股权激励制度来激励员工，见表 6-4。

表 6-4　使用股权激励制度的 5 类公司

公司类型	使用股权激励的目的
初创公司	资金短缺、人才竞争激烈，旨在吸引优秀人才加入
高速发展中的公司	需要吸引和留住具备专业技能和经验的优秀人才
科技公司	需要吸引高素质的科技人才，通过长期激励激发其创新热情
金融机构	通过股权激励留住高管及关键岗位员工，提升员工的忠诚度及团队合作意识
创新型公司	激发员工的创新潜力，促进公司的持续发展

我们可以结合表 6-4，确认自己是否符合以上几类公司的需求，是否满足获得股权激励的条件。比如，在所在领域拥有出色的专业技能或独特的专业知识，能够为初创公司带来价值；具备创新思维和解决问题的能力，符合科技公司和创新型公司的需求。如果你是某个行业的顶尖人士或者具备某种极为出众的能力，那么你就能够以高管的身份加入与你适配的公司，获得一定数量的股份。

持股收息与私募基金

能够成为行业顶尖人士的只是少数人，大多数人都是普通的从业者。也就是说，通过激励获得股权的方式只适用于少数人。如果我们手上的资金比较宽裕，那么可以尝试选择持股收息，抑或通过私募股权基金来帮我们选择或投资公司。这两种方式的风险远低于创业,并且可实操性也更高。

"持股收息"其实与前文提到的"以出资的方式入股某家公司"相似度很高,都是买入一家公司的股票,实现持股收息。但是后者可以参与公司的经营,投入的资金也远高于前者。

然而,无论是持股收息还是以出资方式入股,都无法回避股市的风险性。股票作为一种投资工具,其价格受到市场供求关系、公司业绩、宏观经济环境等多种因素的影响,具有高度的波动性和不确定性。

想必大家都听过一句话,"股市有风险,投资需谨慎"。股票的风险性与收益性相对应。认购了股票,投资者既有可能获得较高的投资收益,同时也要承担较大的投资风险。不少人因此在股市栽跟头,就连巴菲特的老师格雷厄姆也不能幸免。

1929年,股市泡沫破灭。格雷厄姆的账户在1930年损失了20%,但他仍认为市场已经见底,于是贷款抄底股市。然而,市场继续下跌,他的联合账户在1932年跌掉了70%之多,导致破产。

如果我们想通过持股收息的方式进行养老,购买的股票就必须满足两点。首先,永远不会破产倒闭;其次,保证每年分红,且分红比例不少于当年公司利润的30%。能够满足这两点要求的公司不多,单单是第一点,许多公司就无法保证。

我们可以选择中国银行、中国农业银行、中国工商银行、中国建设银行、交通银行、中国邮政储蓄银行这六家银行的股票。它们作为国有大型商业银行，具有得天独厚的优势，破产倒闭的风险性极低，并且一直保持着良好的盈利能力。

以购买中国银行的股票为例：如果我们购入50万元中国银行的股票，并假设在一种较为乐观的情况下，每年平均可获得的分红约为5%，则每年获得的分红为2.5万元。考虑到可能的税收（假设税率为20%），税后平均每月可到手约2083元。

只要我们保持对股票的持有，不进行任何交易，仅享受分红收益（假设分红率保持不变且分红全部再投资的情况下），大约需要20年的时间，我们可以积攒到接近或等于原始投资额的金额。倘若到时我们不想抛售这只股票，愿意继续持有，便可以继续享受分红，股票价值有可能会随着经济发展继续上涨。假如股价出现下跌，只要银行保持盈利并维持分红政策，我们的年度股息红利收入不会受到影响。

上述的这个方案是建立在投资人继续持有股票的基础上。如果投资人在某个时间点选择抛售股票，就可以根据当时的市场价格收回一部分或全部的投资金额（这个价格可能会高于、等于或低于你的原始投资额，这取决于市场情况、宏观经济环境等多种因素）。

从历史数据来看，国有大型商业银行通常具有较为稳定的市场表现，其股价的波动性可能较小。这些银行往往能够维持稳定的分红政策和相对稳健的股价表现。以中国工商银行2018—2023

年的分红数据为例,该行的分红情况呈现稳定增长的趋势,如图6-2所示。就算投资者中途抛售,也可能收到一小部分回报。

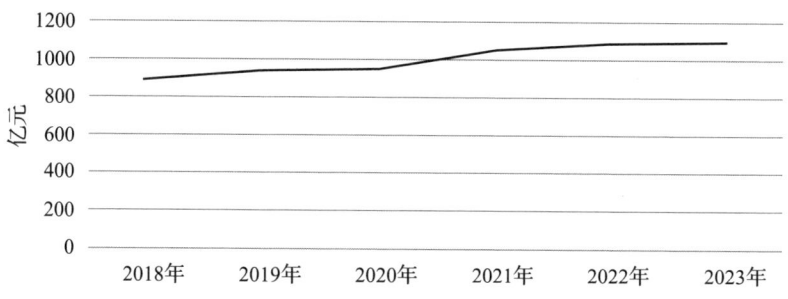

图6-2 中国工商银行2018—2023年的分红数据

除了购买国有大型商业银行的股票,投资者也可以根据以上提到的两个要求,甄选合适的股票购入。股票的价格不一,往往因公司、行业和市场情况而异,有的股票价格很高,如几百元甚至上千元一股,而有的股票价格则相对较低,可能只有几元一股。投资者需要根据自己的资金实力和风险承受能力来选择适合自己的股票。

"股权是财富放大器,放得越多,赚得越快。"但前提是我们要掌握正确的方法和策略。

如果投资者的资产量比较大,也可以选择通过私募股权基金来投资公司。私募基金是相对于公募资金而言的,是以非公开方式向投资者募集资金设立的投资基金。二者之间的区别见表6-5。

表 6-5 私募基金与公募基金的区别

对比项	公募基金	私募基金
发行对象	面向社会公众发售	面向特定投资者
募集方式	公开发售	非公开发售
投资者人数	200人以上	200人以下
投资金额	>1000元	>100万元
募集规模	1亿元以上	几千万元到1亿元
法律约束	遵守基金法律和法规的约束，接受监管部门的监管	运作上相对灵活，受到的限制和约束少
投资标的和运作	要求严格	更加灵活，可以进行投资衍生金融产品进行买空卖空交易
收益	收益相对较低	收益相对较高

简单来说，公募基金是可以公开介绍的基金。大家在很多银行或者基金销售平台都能看到，购买起来也比较容易。而私募基金，是不能公开介绍的，只面向特定投资者，所以并不是任何人都能买到的，只有"合格的投资者"才能买到。而成为"合格的投资者"最重要的一点就是资产，投资者必须符合"个人的金融资产不低于300万元，或者近3年个人年均收入不低于50万元"的条件。

想必大家会感到疑惑，为什么私募基金会对投资人的资产做出这么严格的限制呢？建议大家先了解一下私募基金的分类和具体的投资品种，见表6-6。

表6-6 私募基金的分类

分类	底层投资品种
私募证券基金	股票、债券、期货、期权、基金等
私募股权投资基金	非上市公司的股权
资产配置类私募投资基金	各类别私募基金、公募基金等
其他私募投资基金	除了股票、债券、基金、股权之外的其他品种，比如艺术品、红酒等

以私募股权投资基金为例，其投资的对象为非上市公司的股权。虽然预期收益非常高，但也伴随着极大的风险，甚至可能发生本金完全损失的情况（单只基金投资额大于100万元）。所以投资者必须拥有较大的资产量，并且具备相应的风险识别能力和风险承受能力。如果想将私募基金投资的风险控制到最小，投资者就需要选择合适的组织形式，避免单打独斗。

私募基金按照组织形式可以分为契约型基金、有限合伙型基金和公司型基金三种，这三种基金存在明显的差异，见表6-7。

表6-7 三种私募基金形式的对比

对比项	契约型	有限合伙型	公司型
法律关系	信托关系	合伙关系	股权关系
参与人数	1~200人	2~50人	2~200人
法律依据	基金合同	合伙协议	公司章程
主体纳税	否	否	是

契约型私募基金是一种基于信托契约关系，通过订立基金合同或公司章程，集合投资者资金进行投资运作的基金形式。投资

者并不直接管理基金，而是委托基金管理人来管理和处置基金，也就是说他们只享受基金的收益权，而不能参与基金的决策。

有限合伙型私募基金是一种通过设立有限合伙企业形式，由普通合伙人（基金管理人）和有限合伙人（投资者）共同组成的，以进行投资活动为目的的私募基金。

公司型私募基金是以公司形式成立并运作的私募基金，它以发行股份的方式募集资金，投资者通过购买基金公司发行的股份成为公司股东，享有管理权、决策权、利益分配权等权益。投资者投入的基金由专业团队进行运营和管理。

其中，有限合伙型私募基金并不是独立的纳税主体，其有限合伙人仅需要承担有限责任，想将私募基金投资作为一种养老储蓄方式的投资者，则可以选择成为有限合伙型私募基金的有限合伙人。这是一种安全性更高，且更适合养老的投资形式，也是目前股权投资基金的主流基金形式。

6.5 为个人品牌加仓：从单一技能到长期增值

在保险行业，我从最初的普通销售人员，一路披荆斩棘，如今成长为拥有个人品牌的专业人士，这一路走来，有汗水、有挫折，但更有满满的收获与深刻的感悟。

这节内容我将分享这段经历，谈谈我是如何通过内容创作和社交媒体运营，为自己的人生不断"加仓"的。

在保险行业摸爬滚打久了，就越发明白一个道理：销售业绩固然是衡量我们工作成果的重要指标，但个人品牌的建立才是真正能为职业生涯注入持久生命力的关键因素。个人品牌，它可不是什么虚无缥缈的东西，而是实实在在具有巨大经济价值的无形资产，是我们用时间和精力长期经营出来的宝贵财富。

它就像一座灯塔，有着三个不可或缺的要素：①有价值，能为客户提供切实有用的信息和帮助；②差异化，在众多从业者中独树一帜，让客户一眼就能记住；③长期经营，日复一日、年复一年地坚持打造和维护。当我们成功建立起个人品牌时，就等于在客户的心里牢牢占据了一个独特的位置，我们的个人影响力和知名度也会随之水涨船高，为我们的职业发展开辟出更广阔的天地。

就像美国管理学者汤姆·彼得斯（Tom Peters）说的："21世纪的工作生存法则，就是建立个人品牌。"这句话真的是说到了点子上。

回顾我的职业生涯，最初我也只是一名普普通通的保险代理人，每天奔波在拜访客户的路上。但我心里始终怀揣着对保险行业的热爱，对待每一位客户都真诚相待，用心为他们服务。

慢慢地，我积累起了一些客户资源，也在销售过程中积累了不少宝贵的经验。可我心里清楚，仅仅依靠这些，还远远不足以让我在竞争激烈的保险行业中崭露头角。

于是，我下定决心打造属于自己的个人品牌。一开始，我是在线下公交站牌打广告来宣传自己，随着自媒体时代的到来，我开始在线上建立我的各平台账号——"易容的财富屋"。

在这个过程中，内容创作成了我的一把利器。我会定期静下心来，撰写那些有深度的文章，把我多年来在保险行业积累的知识和理财经验毫无保留地分享出去。

我希望通过这些文字，能让客户真正理解保险产品的价值，不再对保险感到迷茫和困惑。每一篇文章都是我的心血，我会精心构思、查阅大量资料，力求做到深入浅出、通俗易懂。

我知道，只有这样，才能让不同层次的客户都能从中受益。同时，我也紧紧抓住了社交媒体这个强大的工具，全力运营我的个人品牌。

在各个社交平台上，我积极发布与保险相关的内容，与"粉丝"们互动交流。

直播时，我会耐心回答他们的问题，倾听他们的需求和反馈。通过这种方式，我不仅积累了越来越多的"粉丝"，还将其中很多人转化成我的忠实客户。

我深知，与客户的互动是提升服务质量的关键，只有了解他们的真实想法，才能不断优化自己的服务，让客户更加满意。

在打造个人品牌的道路上，我也在不断学习关于个人品牌的知识，不放过任何一个跟行业大咖学习和交流的机会。

在这些活动中，我能接触到行业内的各路精英，学习到最前沿的知识和理念，不断拓宽自己的视野，提升自身的专业能力。

每一次的学习和交流，都像是给我注入了一股新的动力，让我在打造个人品牌的道路上更加坚定地前行。

除此之外，建立良好的客户关系也是我一直坚守的原则。

我会定期对客户进行回访，关心他们的生活和保险使用情况。在客户生日或者重要节日的时候，我也会送上一份温暖的祝福。

通过这些小小的举动，我与客户之间建立起了长期稳定的关系，他们对我的忠诚度和满意度也越来越高。

我知道，只有客户满意了，我的个人品牌才能真正扎根于他们的心中。

随着个人品牌的影响力逐渐扩大，我也开始涉足知识付费和保险培训领域，并取得了不俗的成绩。我拥有了一系列知识产权，产生了让我满意的被动收入。

我精心研发了一系列系统全面、实用性强的保险培训课程，涵盖了从保险基础知识的夯实到高端销售技巧的提升，从风险评估与管理的深入剖析到客户需求精准洞察的实战演练等多个方面。

通过线上线下相结合的培训方式，我已经成功培养了众多优秀的学员，他们在保险行业中迅速崭露头角，成了行业内的新生力量。

这些学员不仅在销售业绩上实现了质的飞跃，更在专业素养和服务水平上赢得了客户的高度赞誉。看到他们的成长与进步，我深感欣慰，也更加坚定了我在保险培训道路上继续前行的决心。

在这里，我想把一句话送给大家："品牌是复利的，早期的投入决定了未来的回报。"

在打造个人品牌的过程中，我们可能会遇到各种困难和挑战，可能会觉得付出很多却看不到回报。但请相信，只要我们坚持不懈地努力和投入，终有一天，我们会收获丰厚的职业红利。

从销售到品牌的转型，其实就是一个不断学习、自我提升的马拉松式过程。通过内容创作和社交媒体运营，我们完全有能力建立属于自己的个人品牌，为我们的职业生涯和人生财富持续加仓。

6.6 工具箱：AI理财+技能提升全套清单

在这个如高速列车般飞驰的时代，科技与知识的双引擎，正以前所未有的力量推动着我们个人财富的增长与职业的进阶。

而其中，AI理财工具的崛起和个人技能的持续提升，无疑成了我们在这条道路上实现个人财务自由和职业发展的重要手段，是我们弯道超车、突破自我的关键利器。

为了帮助大家更好地掌握这些技能，我精心准备了以下实用工具和方法清单。

1. AI理财工具实战指南

（1）智能投顾平台精选。

- 支小宝（支付宝）：实时监测A股市场，提供个性化策略，交互式界面支持语音问答，适合投资新手。
- 问财（同花顺）：深度分析股票K线、资金流向，结合技术面与情绪面指标，生成买卖信号，适合进阶股民。
- 小招（招商银行）：基于用户风险偏好筛选基金，动态推送市场热点（如半导体、新能源），支持智能定投计划。
- 问财（东方财富）：覆盖股/债/基全品类，实时监测市场波动，捕捉事件驱动型机会（如政策利好、财报超预期）。

（2）高阶工具组合。

- 量化策略App（雪球、且慢）：预设"股债平衡模型"，AI自动监测组合波动率，触发再平衡建议（如新能源基金回撤超过15%时提示减仓）。
- 财务扫描工具（DeepSeek）：导入多平台账单，自动标记"隐形消费"（如奶茶支出占比18%），生成"财务健康报告"并预测未来缺口（如3年50万元学区房首付）。
- 政策适配工具：绑定"民生服务码"，实时接收属地化福利（如杭州灵活就业参保返现40%），设置"高龄津贴申领"提醒。

2. 技能提升进阶策略

（1）核心能力培养框架。
- 沟通表达：学习《金字塔原理》一书中的结构化表达方法，用ChatGPT模拟客户谈判场景，生成应对话术（如处理投诉、项目汇报）。
- 时间管理：使用Notion AI制定日/周计划，设置"番茄钟"专注提醒，规避"虚假忙碌"（如无意义会议耗时占比30%）。
- 专业深耕：通过Coursera学习行业前沿课程（如"AI量化投资""区块链金融"），参与GitHub开源项目积累实战经验。

（2）跨领域知识拓展路径。
- 金融+AI：Python编程+机器学习，用TensorFlow构建投资预测模型（如基于历史数据预测黄金价格波动）。
- 营销+数字化：用Midjourney设计个人IP形象，用Stable Diffusion生成课程配图，用ChatGPT撰写自媒体爆款文案。

- 心理学＋管理：学习《影响力》一书中的原则，用AI情绪分析工具（如Affectiva）优化团队沟通，降低发生职场冲突的概率。

3. 风险控制与收益强化组合

（1）AI风控工具箱。

- 债务预警系统：自动计算房贷、车贷、信用卡还款压力，提示"警戒线"（如月供超过收入40%时强制提醒）。
- 极端压力测试：模拟失业、疾病场景，验证财务抗风险能力（如6个月无收入时能否覆盖刚性支出）。
- 政策波动监测：跟踪美联储加息、国内LPR（贷款市场报价利率）调整信息，提前调整资产配置（如加息周期增配短债基金）。

（2）收益增强策略。

- 智能定投优化：设置"工资到账自动划拨"，AI推荐低波动组合（如沪深300指数基金＋国债ETF），年化收益可达8%~12%。
- 事件驱动套利：用NLP（自然语言处理）技术分析政策文件（如"双碳"战略），提前布局相关赛道（如储能、光伏ETF）。
- 跨境资产配置：通过QDII基金投资美股科技股（如英伟达、微软），对冲单一市场风险。

4. 终身学习资源库

（1）知识获取平台。

- 行业前沿：得到App"香帅中国财富报告"，掌握趋势红利（如银发经济、元宇宙金融）。
- 技能精进：LinkedIn Learning的"数据可视化实战"，系统性提升硬实力。
- 社群互助：加入"AI量化投资交流群""个人品牌孵化营"，与行业大咖直接对话。

（2）实践转化工具。

- 虚拟仿真系统：用MetaTrader 5模拟外汇交易，用TradingView回测股票策略，零成本验证投资逻辑。
- 成果展示平台：在GitHub发布代码仓库，在知识星球运营付费专栏，将技能转化为可量化的市场价值。

5. 每月行动清单

好的计划需要好的习惯来维持，定期督促自己，才能确保计划的落实。表6-8是我常使用的一份简单的每月行动清单。

表6-8 每月行动清单

时间节点	核心动作	工具/策略
每月1日	工资自动定投	且慢"工资理财计划"
每月15日	扫描家庭保单	招行"养老金融实验室"
每季度末	AI生成新方案	国家社保平台+DeepSeek
每年12月	优化个税抵扣	腾讯混元智能税务助手

通过这份每月行动清单，可以更好地维持计划的执行，逐步养成良好的习惯，从而确保各项计划能够顺利落实，为自己的未来发展不断加仓。

希望通过以上工具和方法，大家可以在AI理财和技能提升的道路上更加得心应手，为自己的未来打下坚实的基础。

后 记

活出 80 分人生

如何用"财务规划、健康管理、情感经营三支柱"活出80分人生？

在人生的漫漫征途中，不少人都陷入了偏颇的泥沼。一部分人一门心思扑在对财富的追逐上，却将健康弃如敝屣，让情感世界也变得荒芜；另一部分人把健康与情感奉为圭臬，却忽视了财富积累这一物质根基。

但于我而言，"财富、健康、情感"是构筑理想人生大厦的坚固基石，它们彼此交织、相互支撑，共同托举我迈向那令人向往的"80分人生"。

财富，是生活得以安稳运转的底气，为我们带来物质基础与选择的自由。刚步入社会时，我也和众多人一样，在追求财富的道路上迷失过方向，每月工资到手，很快就在各种消费中消耗殆尽，沦为"月光族"。但随着阅历的增长，我逐渐明白，真正的财富自由并非单纯依靠存钱，更要让钱通过合理的理财与投资方式为自己工作。

在资产配置方面，起初我被股市和房地产的高收益所吸引，可经历了市场的起伏波动后，我认识到单一资产投资的风险巨大。

于是，我开始广泛投资，将资金合理分配到债券、黄金、基金等多个领域。通过这种方式，我巧妙地平衡了风险与收益，让财富得以稳健增长。而基金定投和资产增值策略带来的复利效应，更是如虎添翼。经过长时间的积累，我逐步实现了财务的相对自由，也设立了信托。在低利率时代，我想要稳稳的幸福。

不过，财富积累并非一蹴而就，它需要我们长期的坚持与不断的调整。每年我都会对资产进行复盘，根据经济环境的变化适时调整资产配置方案，确保财富始终走在增值的轨道上。

这两年我看准了大健康赛道，决定躬身入局，希望自己能在大健康企业供应链领域深耕细作，花两年时间借鉴成功模式，快速组建团队，积极拓展市场；在企业知识产权方面，打造课程、书籍、视频栏目和直播等多元化内容，构建个人品牌；从消费者痛点出发，以产品专利为切入点，逐步扩品；在资产配置上，涉足美股、虚拟货币、房产以及农庄等领域，逐渐为财富的积累与传承创造了更多可能。

我所做的这一切，不仅是为了自己，更是希望能将赚钱的能力和资产搭建模式传递给孩子，助力他们在未来实现财富的延续与增长。

健康，是一切梦想得以实现的基石。曾经的我，为了事业拼搏，长期承受着高强度的工作压力，作息紊乱、饮食不规律，身体逐渐亮起红灯，疲惫与焦虑如影随形。直到健康问题严重影响到我的生活后，我才如梦初醒，意识到健康才是一切的根本。没有健康的体魄，即便坐拥金山银山，也无法真正享受生活的美好。

痛定思痛，我决心彻底改变生活方式。我开始精心规划饮食，拒绝高油高糖的垃圾食品，多摄入蔬菜水果、优质蛋白，为身体提供充足的营养。每天坚持运动，跑步、瑜伽等成为我生活的一部分。

同时，我还养成了定期体检的习惯，以便及时发现并解决身体的潜在问题。

我深刻认识到，健康管理并非是等到疾病缠身才去做的补救措施，而是要融入日常生活的点点滴滴，成为一种下意识的习惯。

通过这些努力，我的身体状态得到了显著改善，精力变得更加充沛，这让我能够以更好的状态去追求目标，尽情享受财富带来的自由。

为了给健康加上多重保障，我为自己购置了1500万元重疾险、高端医疗险、1000元的住院补贴、800万元伤残险以及5000万元寿险，全方位守护自己的健康与生命。

父母的健康同样是我关注的重点，我确保他们的医疗问题得到妥善解决，并为他们配置合适的寿险，让他们能够安享晚年。对于孩子，医疗保障必不可少，将来我也会为他们购买大额重疾险，毕竟孩子是家庭的希望，他们的生命无比珍贵。

我还提前规划全球寿险，早做安排，不仅费用相对较低，还能为家庭提供长远的保障。每年20万~50万元用于孩子保险的预算，看似高昂，实则是对家庭财务安全的有力守护。

情感，是生活中最温暖的亮色，赋予生命以温度和意义。

在快节奏的现代生活中，我们常常因忙碌的工作和生活琐事，忽略了与家人、朋友之间的情感交流。曾经的我，也因为工作繁忙，错过了孩子成长的许多重要时刻，对父母的关心也不够，与朋友的联系也逐渐疏远。渐渐地，我发现自己的生活变得单调乏味，内心时常感到空虚和孤独。

直到有一天，我决定做出改变，开始用心经营家庭关系和社交圈子。每个月，我都会精心安排家庭聚会，一家人围坐在一起，分享生活中的喜怒哀乐，让亲情在欢声笑语中升温。

无论工作多忙，我都会抽出时间和亲朋好友相聚，或是一起品尝美食，或是共同出游，留下许多美好的回忆。在这个充满爱的情感网络中，我感受到了无尽的温暖与力量，心态也变得更加积极乐观。

我深刻体会到，生活的美好并非仅仅源于财富的积累，健康的身体和丰富的情感同样不可或缺。

这三者相互依存、相辅相成，只有保持它们之间的平衡，才能真正活出精彩的"80分人生"。

回顾过往，我的财富积累之路充满了坎坷与挑战。刚开始由于缺乏理财规划，即便赚了钱也难以实现真正的自由。直到一场家庭危机让我警醒，我才开始系统地学习财富管理知识，规划投资策略。在追求财富的过程中，我也逐渐意识到健康和情感的重要性，开始重新调整作息，重视运动和饮食健康，主动经营家庭关系和社交生活。

在不断的摸索与调整中，我逐渐找到了财富、健康和情感之间的平衡点。

如今，我不仅实现了财富自由，拥有了健康的体魄，还拥有一个充满爱的情感世界。这让我更加坚信，只有平衡好这三大支柱，才能拥有一个充实、幸福且有意义的人生。

这就是我所追求的"80分人生"：财富提供物质保障，健康赋予生命活力，情感给予心灵滋养。

在这三大支柱的支撑下，我有信心善始善终，拥抱一个充实、幸福且有意义的人生。

为了帮助大家更好地实现这一目标，以下是一些实操建议。

在财富管理方面，每年都要制定明确的财务规划目标，确保财富积累能够满足未来的生活需求。定期对资产配置进行复盘，并创造源源不断的现金流，以应对经济环境的不确定性。

健康管理至关重要，每天要坚持锻炼，保持规律的作息和健康的饮食习惯。定期进行全面的健康检查，一旦发现问题，要及时处理。要将健康管理融入日常生活的每一个环节，使之成为一种自然而然的生活方式。

情感经营同样不可忽视，要定期与家人、朋友聚会，增进彼此的感情。积极参与社交活动，拓展自己的社交圈子，提升情感支持的质量。同时，要时刻关注家庭成员的需求和变化，用心维护和谐的家庭氛围。

此外，每季度要对自己在财富、健康和情感三方面的状态进行全面评估，及时发现不平衡的地方，并做出相应调整。要保持学习的热情，不断汲取新知识，提升自我认知和生活质量，确保这三大支柱始终稳固，支撑起美好的人生。

"80分人生"并非遥不可及，只要我们用心去平衡财富、健康和情感这三大支柱，在追求财富的同时，注重身体和心灵的健康，我们就能让人生变得更加充实、幸福。

在未来的日子里，只有让这三者相互促进、协同发展，我们才能从容地迎接每一个美好的日子，真正实现幸福长寿的人生理想。

因为，真正的美好生活，不仅在于活得长久，更在于活得精彩、活得有意义。

而财富、健康、情感三大支柱的平衡，就是打开幸福之门的关键钥匙。

行动计划：画出你的"百岁幸福蓝图"

幸福并非偶然降临的幸运，而是精心规划与不懈努力的成果。想要勾勒出属于自己的百岁幸福蓝图，就必须紧握财富、健康、情感这三把关键钥匙，它们如同稳固的基石，支撑起人生的幸福大厦。

20~30岁：奠定幸福基石

20~30岁，是人生的奠基阶段，此时的每一个选择，都如同在为未来的大厦铺设基石。你可别小瞧这十年，它是决定了你未来人生走向的关键时期。

在财富方面，你要清楚自己想要什么，并制定清晰的职业规划。明确目标行业与职位，就像在茫茫大海中找到了灯塔。然后，一头扎进专业技能的学习中，不断提升自己在职场中的竞争力。

别想着一步登天，但只要坚持努力，较高的收入自然会向你招手。同时，从现在开始储蓄，别再做"月光族"！制订每月储蓄计划，哪怕每月只存几百元钱，日积月累，也会是一笔不小的财富。再学习些基础理财知识，尝试基金定投这类低风险投资，让钱为你工作。

健康是一切的根本，这个阶段一定要养成每日运动的习惯。晨跑、健身都是不错的选择，或者找一项自己热爱的运动，比如篮球、瑜伽，坚持下去。相信我，运动带来的不仅是健康的体魄，还有积极向上的心态。在饮食上，别再被高油高糖的垃圾食品诱惑，学会烹饪健康美食，为自己的身体提供充足的营养。

情感上，别总是窝在家里，多出去走走，参加兴趣小组、行业聚会，拓展自己的社交圈，结识志同道合的朋友。这些朋友，可能会成为你未来人生路上的重要伙伴。同时，别忘了家人，定期回家看望父母，和他们分享生活中的点滴。父母在，人生尚有来处；父母去，人生只剩归途。珍惜和家人相处的时光，别等失去了才懂得珍惜。

31~40岁：稳健幸福发展

31~40岁，是人生的上升期，就像爬山到了半山腰，虽然有些疲惫，但离山顶也越来越近。此时，财富积累要更上一层楼。如果在现有公司发展受限，大胆地选择晋升或跳槽吧！为自己争取收入大幅增长的机会。拿到奖金、分红等额外收入时，别头脑一热就花掉，要合理规划，让钱发挥更大的价值。投资领域也可以进一步拓展，涉足股票、债券，但要注意合理配置资产、分散风险,别把所有鸡蛋放在一个篮子里。

健康可不能忽视,定期进行全面体检,建立个人健康档案,跟踪身体指标的变化。这就像给汽车定期做保养一样,及时发现问题,才能避免更大的故障。工作压力大时,学习养生知识,调整生活节奏,保持身心平衡。毕竟,身体是革命的本钱,没有健康,一切都是空谈。

这个阶段,很多人组建了家庭。和伴侣共同经营家庭,是一门艺术。规划家庭财务,分担家务,相互理解、相互支持。有了孩子后,要关注孩子的成长,学习育儿知识,给予孩子高质量的陪伴与教育。孩子是家庭的希望,别因为工作忙,就错过了孩子成长的关键时期。

41~60岁:收获幸福成果

41~60岁,是收获的季节,前期的努力开始开花结果。在财富方面,你可以尝试创办企业或参与创业项目,凭借自己多年积累的经验和人脉,实现财富的快速增长。建立完善的企业管理体系,确保企业稳健发展。同时,优化资产配置,投资房产、优质企业股权,让财富多元化增值。设立保险金信托,进行风险隔离。

健康依旧是重中之重,保持运动习惯,增加户外活动,如登山、骑行,亲近自然,放松身心。关注家人健康,为家人购买健康保险,营造健康的家庭环境。你要知道,家人的健康,也是你幸福的重要组成部分。

在情感上,孩子逐渐长大,支持他们的学业、事业发展,给予他们人生建议与指导。同时,参与社区公益活动,回馈社会,结交不同年龄段的朋友，丰富自己的情感体验。送人玫瑰，手有余香，帮助他人的同时，你也会收获快乐。

61~80岁：享受幸福人生

61~80岁，人生进入了享受阶段。财富上，要好好安排退休生活，制定退休财务规划，确保养老资金充足。别等到退休了才发现钱不够花，那可就尴尬了。进行财富传承规划，设立信托，将资产合理分配给子女，同时传授他们理财经验，让财富在家族中延续。

健康管理不能松懈，定期体检，预防老年疾病。配合医生治疗，保持积极心态。学习老年养生知识，如中医养生、冥想放松，让自己的身心保持愉悦。

这个阶段，孙辈是生活的一大乐趣。享受天伦之乐，陪伴孙辈成长，参与他们的教育与活动。和老友定期聚会，回忆往昔，加强情感联系，组织老年社交活动。人生短暂，和老友相聚的时光，都是珍贵的回忆。

81~100岁：延续幸福余晖

81~100岁，人生的余晖依然可以很温暖。财富上，确保医疗资金充足，预留足够的资金用于应对突发疾病与长期护理。合理规划剩余资产，用于提升生活品质，如雇佣护工、改善居住环境。

健康关怀要更加细致，注重康复护理，在家人陪伴下进行康复训练，保持身体机能。保持乐观心态，与家人、朋友分享人生感悟，传递正能量。你要相信，只要心态好，生活永远充满阳光。

情感上，与家人共度美好时光，回顾一生经历，传承家族精神与价值观。记录人生故事，留下宝贵的精神财富，供后人学习借鉴。你的人生经历，就是一笔无价的财富。

百岁人生，是一场漫长而精彩的旅程。财富、健康、情感，是这场旅程中不可或缺的元素。从现在开始，拿起画笔，精心绘制属于自己的百岁幸福蓝图。不要害怕困难，不要畏惧挑战，只要你坚定信念，勇往直前，幸福就一定会与你相拥。人生没有白走的路，每一步都算数。让我们一起，开启幸福人生之旅，创造属于自己的百岁传奇！

善始善终，就是一场游戏的终极目标

人生的意义，从来不是在于我们能够达到100分，而是如何在有限的时间里，尽可能让每一个选择和每一分努力都成就一个"80分"的人生。你或许认为，人生的终极目标应该是完美，是零缺陷的成就与成功，但在现实中，80分已足以让你拥有一段富足、充实、令人满足的人生。

你的人生分数，不是100分，而是80分

曾经，我也像大多数人一样，渴望着完美的生活——无论是财务上的自由，还是身体的健康，乃至家庭和情感的和谐。我常常为自己设立高不可攀的目标，觉得只有达到这些目标，我的人

生才算成功。然而，随着时间的推移，我逐渐意识到，过分追求完美只是自我设限的开始。

许多人奋斗了一生，最终发现，他们在追求"100分"目标的过程中，失去了最重要的东西——平静的心态和享受生活的能力。我们总是将自己与他人作比较，过度关注外部标准，却忽略了内心真正的需求。正如我在这一路上的经验，真正值得追求的并不是"完美"，而是一个"80分"的人生——也就是一个可以坦然接受不完美，依然感到满足的生活方式。

很多人都忽视了一个事实：完美，往往意味着无法承受的代价。在金钱上，你可能会为了不断追求财富而忽略了健康和家庭；在健康上，你或许为了维持最佳状态而压迫自己，忽略了内心的需求；在情感上，你为了一个看似完美的关系而放弃了自我。事实上，只有找到内心的平衡，接受自己的不完美，才能拥有一个真正圆满的生活。

活得值：用你有限的时间，尽可能赚取无限的幸福

"活得值"并不意味着追求物质的极致，也不代表要在职业上不停奔波。它意味着用你有限的时间去做真正让你内心充实的事，用你有限的精力去追寻幸福的源泉。真正的幸福，从来不是积累多少财富，而是你在这一生中，是否有时间去体验生活，去陪伴家人，去做那些让自己内心平静的事。

许多人的一生，或许都在追求更多的金钱、更多的名利和更高的社会地位，却忽略了与亲人朋友的深厚情感联系，忽略了个

人内心的满足。在长寿时代，这种生活方式常常导致许多人虽然活得久，却活得不安、压抑，甚至痛苦。真正的"活得值"是从内心出发，尊重自己、关爱他人、保持身心的健康，最终实现幸福感的最大化。

"活得值"的定义是每个人的独特体验。有人通过旅行和探索未知来实现幸福，有人通过陪伴家人、享受生活来感受到满足，也有些人通过持续学习、追求自我成长来实现"活得值"。而无论是哪种方式，最重要的是，它能够让你在有限的时间里，感受到无限的充实和快乐。

曾经，我总是处在焦虑的旋涡中。我每天忙碌于工作，忙于追求更高的收入和更好的职业发展状态，心里始终装着"更高、更远"的目标。那时，我总是为未来的种种不确定性担忧，焦虑情绪充斥着我的生活，影响了我的健康和情感状态。对我来说，每一天都像是走在刀尖上，生怕错过什么，错失什么机会。

但有一天，我突然意识到：焦虑并没有带来任何实质性的改变，它只会让自己陷入更加深重的负面情绪之中。于是，我开始反思，逐渐认识到人生并不需要走得那么急。通过调整自己的心态，我开始逐渐找到平衡，学会享受过程，而不是一味地追求结果。我发现，"焦虑"并不是推动力，"平静"才是人生真正的动力源泉。

我的转变开始于在工作中找到自己的节奏，不再盲目追求"更多"，而是去做自己真正感兴趣的事情。从家庭生活中，我开始更加重视与家人的沟通，关注他们的需求，而不是一味地忙碌于工作；在健康方面，我定期锻炼身体，合理饮食，更多地去思考如何保持身体与心灵的双重健康。

这一路走来，我逐渐放下了那些无谓的压力，走向了平静和满足。我发现，焦虑与压力只会带来疲惫，而平静与理智则会为你带来持续的动力。这段转变的历程让我深刻体会到"80分人生"的真正意义，它教会了我如何用有限的时间尽可能赚取无限的幸福，而这份幸福并不需要完美，只需要真实。

不追求完美，只追求真实，才是最终赢家

完美，往往是我们设定的虚幻目标。我们在追求完美的过程中，往往忽略了对自己内心的真实感知。追求"100分"似乎是社会赋予我们的一种标准，然而，当你真正投入其中，你会发现，这种标准本身是不存在的。所有的完美不过是虚构的面具，它让你忽视了自己最本质的需求和幸福感。

从"焦虑"到"平静"，从"完美"到"真实"，这是我在人生中最宝贵的收获。而在我看来，不追求完美，只追求真实才是最终赢家。真实的生活，是与自己内心深处达成的共识，是对家庭、健康和财富之间的平衡的深刻理解。它不是一条没有风雨的路，而是一条每一步都充满意义的旅程。

每个人都有自己的节奏，人生的意义并不在于追求那些过于理想化的标准，而在于找到适合自己的步伐，过一种自己真正喜欢的生活。生活不需要"100分"，它只需要一个清晰的目标，努力去追求、去实现，最终活得安稳、幸福。

在这一生中，我们不必为了所谓的"完美"而焦虑，也不必

为了无谓的社会标准而拼命追求。80分人生，就是最真实、最充实的生活。它允许我们有不完美，却依旧有无限的可能。每个人的时间有限，但如果我们能够在有限的时间里找到内心的平静、健康和真实，我们便可以拥有一个精彩的未来。

未来属于那些不为完美所累，却能活出真实人生的人。在长寿时代里，我们需要的不仅是长命百岁，更是活得有价值，活得自在，活得真正属于自己。